重塑心灵

Choiceless
Awareness

[印] 克里希那穆提 著
衣旭升 译

北京时代华文书局

CONTENTS

目 录

引　言

接下来我们将要进行讨论，并且我们可以在今天上午就启动那些讨论。但如果你很执着并且我也很执着——如果你坚持你的意见、你的信条、你的经验和你的知识，而我坚持我的——那么就不可能存在真正的讨论，因为我们两人都失去了调查的自由。讨论不是彼此分享我们的经验。根本不存在分享；只存在真理之美，而你和我都无法占有真理，它就在那里。

要充满智慧地进行讨论，必须不仅要有热爱的品质，而且也要具备迟疑的品质。你知道，除非你迟疑，否则你无法进行调查。调查意味着你有疑虑，你亲自去发现，一步一步地发现；并且当你那样做时，你无须追随任何人，你无须请求别人更正或证实你的发现。但这一切需要巨大的智慧和敏感。

我希望我没有因为说这些而妨碍你们提出问题！你

们知道，这就像两个朋友一起讨论事情一样，我们既不做出断言，也不寻求相互支配，而是每个人轻松亲切地在一种平等友好的气氛中交谈，尝试着去发现。并且在那种心智状态中，我们的确会有所发现。但我向你保证，我们所发现的根本不重要，重要的是去发现并且在发现之后继续前行。停留于你已经发现的东西是有害的，“因为这样的话你的头脑就会封闭，就会僵死。但是，如果你在发现真相的那刻，抛开自己所发现的，那么，你就能像溪水、像有着充沛河水的河流一样奔腾不息”。

萨能，第十次公开演讲

1965 年 8 月 1 日

第一章 心智是一种完整的事物

心智是一种完整的事物——它是智力，是情感，是观察和辨别的能力。

我们多数人必须知道，一场根本的改变是必要的。我们面临这么多难题，因而必须存在一种不同的方式——也许是一种完全不同的方式——去处理所有这些难题。并且在我看来，除非我们理解这种变化的内在本质，否则仅仅改革——某种表面的革命——不会有太多的意义。无疑，必要的不是一种表面的变化，不是一种暂时的调整或遵循一种新的模式，而是心智的一种根本转变——一种将会是整体而非局部的变化。

要理解这种变化的问题，首先必要的是理解思考的过程和知识的本质。除非我们非常深入地探究思考的过程和知识的本质，否则任何变化都不会有太大的意义，因为仅仅在表面变化，恰恰是在保持我们试图改变的那些东西。所有的革命起初都是为了改变人与人的关系，创造一个更好的社会、一种不同的生活方式。但是，通过时间的渐进过程，革命应该清除的弊端恰恰以另外的方式在另外一个群体身上重现，从而使同样的陈旧过程得到延续。我们起初要改变，要带来一种没有阶级的社会，而仅仅通过时间、通过环境的压力去寻找，另一个群体就变成了新的上层阶级。那种革命永远不会是根本的、彻底的。

因此在我看来，当我们面对这么多难题时，表面的改革和调整是没有意义的；而要带来持久和有意义的改变，我们必须明白改变意味着什么。我们在环境的压力下——通过宣传，通过必需品，或者通过遵从一种特定模式的愿望——的确发生了变化。我认为，一个人必须觉察到这点：一项新发明，一场政治改革，一场战争，一套戒律——这些东西确实会改变人的心智，但只是在表面上改变。真诚地想要发现“在一种根本的变化中蕴含着什么”的人，毫无疑问，必须深入探究思考的整个过程，即深入探究心智和知识的本质。

因此如果可以的话，我想与你们一起讨论“什么是心智”“知识的本质是什么”以及“‘知道’意味着什么”；因为如果我们不理解所有这些，我认为我们就不可能找到一种新的处理我们这么多难题的途径、一种新的看待生活的方式。

我们有时候的生活是极其丑陋、利欲熏心、痛苦和琐碎的。我们的生存是一系列的冲突和矛盾，是一种挣扎、痛苦、快乐转瞬即逝和短暂满足的过程。我们受到那么多调整、遵循和模式的束缚，而从来没有片刻的自由，从来没有一种完整存在的感觉；时常会有挫败感，因为时常存在对满足的寻求。我们心神不宁，总是受到各种欲求的折磨。因此，要理解所有这些难题并超越它们，毫无疑问我们必须从理解知识的本质和心智的过程开始。

知识意味着一种积累感，不是吗？知识能够被获得，并且因为它的本质，知识总是局部的，它永远都不是完整的。所以，一切起源于知识的行动也都是局部的、不完整的。我认为我们必须非常清楚地看到这点。

我在犹豫是否要继续下去；因为随着我们谈话的进行，我们想要理解，我们必须彼此交流，而我不确定在我们之间是否存在交流。交流意味着理解——不仅理解词语的意义，而且理解词语之外的意思——不是吗？如果你的心智和讲话者的心智带着敏感在理解中一起运动，那么就存在真正互相交流的可能；但如果你只是听着，想在谈话结束时发现，从知识的角度思考我表达了什么意思，那么我们就不是处于交流中。你只是在等待一种定义，而毫无疑问，定义不是理解的途径。

因此问题出现了：什么是理解呢？理解的心智处于什么样的状态？当你说“我理解”时，你那样说意味着什么？理解不仅仅是知识性的理解，它不是辩论的产物，它与接受、拒绝和信念没有任何关系；恰恰相反，接受、拒绝和信念阻止理解。毫无疑问，要理解，必须具备一种注意的状态：其中不存在任何比较或谴责的意味，不存在为了同意或不同意而等待我们所谈论事物的进一步发展；所有的意见、所有谴责或比较的感觉都终止或暂停了。你只是在靠听去发现。你采用的是一种探究的方式，那意味着，你不是从某种结论开始。所以，你处于一种注意的状态，是在真正地听。

那么，在这么一大群人中，互相交流是可能的吗？我想要深入这个关于知识的问题，不管多么困难，因为如果我们能够理解知识的问题，那么我认为我们将会超越心智，并且心智在超越自身的过程中也许就没有了局限——即没有努力。因为努力在意识上设置了某种限制。除非我们超越了心智的机械呆板的过程，否则真正的创造显然是不可能出现的；而一个创造性的心智无疑是必要的，由此它就能够处理所有这些不断增长的难题。理解“什么是知识”并超越不完整、局限之物，进而体验创造之物，不仅需要瞬间的洞察，而且需要一种连续的觉察——一种在整个过程中不存在结论的持续探究的状态——而这种持续的觉察，归根结底，就是智慧。

因此，如果你在听，不仅用你的耳朵，而且用一种真正希望理解的心智，一种没有权威、不从一个结论或引证出发、不期望被证明正确的心智去听，并且觉察到这无数的难题，进而看到直接解决它们的必要性——如果这就是你心智的状态，那么我认为我们能够相互交流。否则的话，你将只是听到许多话语。

如我刚才说的，所有的知识都是局限的，并且任何源自知识的行动也都是局部的，进而是矛盾的。如果你从根本上了解你自己——你的行为、你的动机、你的思想和欲望，你就会知道，你生活在一种自相矛盾的状态中：我想要，同时我不想要；我必须这样做，我必须不那样做；等等。心智一直处于一种矛盾的状态，并且矛盾越激烈，你的行动制造的困惑就越多。也就是说，当存在一种必须应对、无法避免并且你无法逃避的挑战时，你的心智处于一种矛盾的状态；那种必须面对那个挑战的紧张迫使你产生某种行动，而这种行动产生进一步的矛盾、进一步的痛苦。

我不知道我们每一个人是否清楚我们生活在一种矛盾的状态中：我们谈论和平而又在准备战争；我们谈论非暴力而我们从根本上是暴力的；我们讨论善良而我们不善良；我们谈论爱而我们充满野心、竞争，无情地追求效率。所以，存在矛盾。起源于矛盾的行动只会带来挫败和进一步的矛盾。知识是不完整的，任何源自知识的行动必然是矛盾的。那么，我们的难题就是，找到一个不是局部行动的源泉——现在就发现它，从而产生一种完整、直接的行动；而不说“我会通过某种体系，在未来的某个时间发现它”。

你们看，先生们，任何思想都是局限的，它永远不会是完整的。思想是对记忆的反应，而记忆总是局限的，因为记忆是经验的产物。因此，思想是受到经验制约的心智的反应。所有的思考、所有的经验和所有的知识都不可避免地是局限的，所以，思想无法解决我们面临的这么多的难题。你可能试图对这许多的难题从逻辑上进行理智的推理分析；但如果你观察你自己的心智，你就会发现，你的思考受到你的环境——你出生在其中的文化，你吃的食物，你生活的气候，你阅读的报纸，你日常生活的压力和影响——的制约。所以，所有的思考都是局限的，不存在自由的思考。

因此，我们必须非常清楚地知道，我们的思考是记忆的反应，而记忆是机械呆板的。知识永远都是不完整的，因而所有源自知识的思考都是局限的、局部的，从来都不是自由的。因此不存在思想的自由。但我们能够开始去发现一种不是某种思想过程的自由——在其中，心智只是意识到它所有的冲突，意识到施加在它上面的所有影响。

我们说的学习意味着什么呢？当你只是在积累知识和收集信息时，存在学习吗？那是一种学习，不是吗？作为一个工程专业的学生，你学习数学等等；你在学习，在获得关于该学科的信息；你在积累知识，为的是学以致用。你的学习是积累性的、增加性的。那么，当心智只是拿取、增加和获得时，它是在学习吗？还是说学习是某种完全不同的事情呢？我说，我们目前称之为学习的累积过程根本不是学习；它只是记忆的培养，记忆逐渐变得机械；而一个像机器一样机械运行的心智，没有能力去学习。一台机器除了增加的意义，永远没有学习的能力。学习是某种完全不同的事情，我将试图让你看到这种学习。

一个正在学习的心智从来不说“我知道”，因为知识总是局部的，而学习始终是完整的。学习不意味着从一定数量的知识开始，然后加进更多的知识；那根本不是学习，那只是一种纯粹机械的过程。对我来说，学习是某种完全不同的事情：我在每时每刻学习了解我自己；并且“我自己”是非常有活力的，它在活着、运动着，它没有开始，也没有结束。当我说“我了解我自己”时，学习就在积累起来的知识中停止了。学习永远不是积累性的，它是一种无始无终的了解的运动。

先生们，问题是这样的：心智能否将自身从这种被称为知识的机械的积累中解放出来？并且，一个人能够通过思考的过程找到这个问题的答案吗？——你理解吗？——我们都受到了制约。也许就像有些人说的那样——制约是不可避免的，那么就不存在问题；你是一个奴隶，事情就此结束。但是，如果你开始问自己，究竟是否可能打破这种局限、这种制约，那么你就面临问题；因此你必须深入探究整个思考的过程，不是吗？如果你只是说“我必须意识到我的制约，我必须考虑它、分析它，以便理解和摧毁它”，那么你是在运用力量，你的思考和你的分析仍然是你的背景的产物。所以通过你的思想，显然你无法打破思想本身是其中一部分的制约。

请首先仅仅去看问题，不要问答案或解决的方案是什么。事实是，我们受到制约，并且所有去理解这种制约的思想总是局限的，所以永远不存在一种完整的理解；而只有在对思考整个过程的完整理解中，才会存在自由。困难在于，我们总是在心智的领域内运行，心智是思想的工具，思想有合理的，也有不合理的；而如我们所看到的，思想总是局部的——抱歉我又重复这句话，但是，我们认为，思想会解决我们的难题；而我怀疑它是否会解决。

对我而言，心智是一种完整的事物——它是智力；它是情感；它是观察、辨别的能力；它是说“我要”和“我不要”的思想中心；它是欲望；它是愿望的达成——它是完整的事物，不能将理智与情感分开。我们运用思想作为解决我们难题的一种手段；但思想不是解决我们任何难题的手段。因为思想是记忆的反应，而记忆是作为经验积累起来的知识的产物。认识到这点，心智要怎样去做呢？——你理解这个问题吗？

我充满野心——对权力、地位和声誉的渴望，而我又感到，我必须知道爱是什么。因此我处于一种矛盾的状态。一个正在追求权力、地位和声誉的人根本没有爱，尽管他可能谈论爱；两者的任何整合都是不可能的，无论他对爱是多么期望。爱和权力无法携手，那么，心智怎么办呢？思想，我们看到，只会制造更深的矛盾、更深的痛苦；那么，在完全不引入思想的情况下，心智能够觉察到这种难题吗？——你理解吗？

先生们，让我再换另外一种表达方式。你们是否碰到过——我肯定你们碰到过——你们突然感知到某种事物，并且在感知的那一刻，你们一点问题也没有了。恰恰在你们感知到难题的那一刻，难题完全停止了。你碰到一个难题，你考虑它，与它争辩，担心它；你运用你思想范围内的一切手段去理解它。最后你说“我再也没有办法了”；没有人能帮助你理解，没有上师、没有书籍帮助你；你独自面对问题，并且没有出路。以你的最大能力探究了问题之后，你随它去了。你的心智不再担忧，不再撕扯难题，不再说“我必须找到答案”；因此心智变得安静，不是吗？而在这种安静中，你发现了答案。难道你有时没碰到这种情况吗？这不是一种多么大不了的事情；伟大的数学家、科学家曾碰到过，而人们在日常生活中也偶尔碰到过。那意味着什么呢？心智已经运用了它全部的能力去考虑，已经使尽了思想的浑身解数，而没有找到答案。所以，心智变得安静，不是因为疲倦，不是因为疲劳，不是通过说“我要安静下来以便找到答案”；已经为了发现答案想尽一切办法之后，心智自发地安静下来。存在一种没有选择、没有任何需求的觉察，一种其中不存在焦虑的觉察；并且在这种心智状态中存在感知。唯独这种感知会解决我们所有的难题。

所有的思考都是局限的，因为思考是记忆——作为经验的记忆，作为知识积累的记忆——的反应，因而它是机械的。思考是机械的，所以它不会解决我们的难题。这并不意味着我们必须停止思考，但一种全新的因素是必要的。我们已经尝试过各种不同的方法和体系，各种不同的方式……而它们都没有成功。人类仍然在痛苦；他们仍然在失望的折磨中探索和寻找，他们的悲伤看起来似乎永无止境。因此，必然存在一种全新的、心智不认识的因素——你理解吗？

毫无疑问，心智是认知的工具，任何心智认识的事物都是已知的，所以它不是新事物；它仍然是在思想和记忆的领域内，因而是机械的。因此，心智必须处于一种状态——在那种状态下它感知而不伴随识别的过程。

那么，那是一种什么样的状态呢？它与思想无关，它与识别无关；识别和思想都是机械的；它是——如果我可以这样表达的话——一种感知而别无其他的状态，即一种存在的状态。

先生们，我们多数人都是琐碎渺小的，有着非常浅薄的心智；而一种狭隘、浅薄心智的思考只能导向进一步的苦难。一种浅薄的心智无法使自身深厚起来；它将总是浅薄、琐碎的，总是妒忌他人。它所能做的是，认识到它自身浅薄的事实，并且不努力去改变这个事实。心智看到，它受到制约，并且没有改变这种制约的迫切要求，因为它知道，任何要改变的强制都是知识的产物，而知识是局部的；所以，心智处于一种感知的状态，它在感知“实际是什么”。但是在通常情况下发生的是什么呢？处于妒忌中，心智运用思想去除掉妒忌，从而制造出“不妒忌”这种对立面，但“不妒忌”仍然是在思想的领域里。那么，如果心智感知到妒忌的状态而不谴责或接受它，并且不引入改变的欲望，那时它就是处于一种感知的状态，并且恰恰是这种感知带来一种新的运动、一种新的元素、一种完全不同的存在品质。

你们看，先生们，言语、解释和符号是一回事，而存在是某种完全不同的事情。在这里我们不关心言语，我们关心存在——我们实际存在的样子，而不是把自己幻想成什么精神实体、“阿特曼”等无稽之谈，那些依然属于思想的领域，因而是局限的。重要的是，在我们实际的存在——妒忌他人——中完全感知不到那种妒忌；而只有当完全不存在思想的运动时，你才能感知到它。心智是思想的运动，而它也是其中存在感知而不带有思想运动的状态。只有那种感知状态才能在我们的思考方式中带来根本的改变，那时思考将不是机械的。

因此，毫无疑问，我们关心的是，觉察到心智的这整个过程和这种过程的局限，并且不做出某种努力去消除那些局限；我们关心的是，完全、完整地看到“实际是什么”。而除非所有的思考都终止了，否则你无法完整地看到“实际是什么”。在这种觉察的状态中不存在选择，并且只有这种状态能够解决我们的难题。

新德里，第二次公开演讲

1960 年 2 月 17 日

我们是否深入探究过什么是美，什么是丑？

提问者： 觉察和敏感之间的区别是什么？

克里希那穆提： 我怀疑是否存在任何区别。你知道，当你提问时，重要的是你亲自发现事情的真相，而不是仅仅接受别人所说的。因此，让我们一起来发现什么是觉察。

你看到一株可爱的树，树叶在雨后闪闪发光；你看到阳光在水面、在鸟儿的灰白羽毛上闪烁；你看到村民肩负重担走向城镇，并且听到他们的笑声；你听到狗叫，或牛犊呼唤它的母亲。这些都是觉察的一部分，对你周围事物的觉察，不是吗？再走近一点儿，你注意到你与人们、与观念以及与事物的关系；你注意到你如何看待房子和道路；你观察你与人们对你说的话的关系，以及你的心智总是如何评价、判断、比较或谴责。这些都是觉察的一部分。觉察从表面开始，然后越来越深。但对我们多数人来说，觉察停留在某种特定的点上。我们接受噪声、歌声、美或丑的景色，但我们没有觉察到我们对它们的反应；我们说“这个漂亮”或“那个丑陋”，然后就过去了；我们没有深入探究什么是美，什么是丑。毫无疑问，看到你的反应是什么，对你自身思想的每一个运动越来越警觉，观察你的心智受到你父母、老师、种族和文化的影响的制约——所有这些都是觉察的一部分，不是吗？

《人生中不可不想的事》

如果你在选择，你就无法完全觉察。

觉察不是某种你必须练习的神秘事情；它不是某种只能从讲话者这里，或者从某个大胡子绅士，或其他人那里学到的东西。所有那些想象都太荒谬了。仅仅去觉察——它意味着什么呢？去觉察，你们坐在那里而我坐在这里；我在对你们讲话而你们在听我讲话；觉察到这个大厅，它的形状，它的灯光照明，它的音响效果；观察人们所穿衣服的各种颜色，他们的态度，他们听的认真程度，他们的抓耳挠腮、打哈欠和厌倦，他们对不能从所听到的话语里面得到某种可带回家的东西而不满；他们对所讲的话同意或不同意。所有那些都是觉察的一部分——非常表面的部分。

在这种表面的观察背后，存在我们所受制约的反应：我喜欢和我不喜欢，我是英国人而你不是英国人。并且我们受到的制约确实非常深，它需要大量的调查和理解才能看清。意识到我们的反应、我们隐藏的动机和受制约的反应，也是觉察的一部分。

如果你在选择，你就无法完全地觉察。如果你说“这是正确的而那是错误的”，那么那种正确和错误取决于你的制约。对你是正确的事情，可能在远东地区是错误的。觉察就是无选择地意识到这一切，它是完整地觉察到你全部有意识和无意识的反应。而如果你在谴责，如果你在辩护，或者如果你说“我将保持我的信仰、我的经验和我的知识”，那么你就无法完整地觉察。在那种情况下你只是在部分地觉察，而部分的觉察其实就是盲目无知。

看到或理解不是时间的问题，它不是渐变的问题。要么你看到，要么你没看到。如果你没有深深地觉察到你自身的反应、你自身的制约，你就无法看到。要觉察到你的制约，你必须无选择地观察它；你必须看到事实并且不对事实给出意见和评价。换句话说，你必须不带着思想看事实。那时存在一种觉察，一种没有中心、没有边界的注意状态，在这种情况下，已知没有进行干扰……

伦敦，第四次公开演讲

1962 年 6 月 12 日

觉察是心智的整体的过程，而不仅仅是那种过程的某个碎片。

提问者： 觉察是否意味着一种自由的状态，或者只是一种观察的过程？

克里希那穆提： 这确实是一个非常复杂的问题。我们能够理解“什么是觉察”的整个意义吗？请让我们不要急于得出任何结论。我们说的日常的觉察指的是什么呢？我看到你，并且在观察你、看你的过程中，我形成各种意见——你伤害过我，你欺骗过我，你曾对我冷酷无情，或者你曾说好话恭维我——因而有意或无意地，那些都保持在我的心智中。当我观看这种过程，当我观察它时，那只是觉察的开始，不是吗？我也能觉察到我的动机和我的思维习惯。心智能够觉察到它自身的局限、它自身的制约。无疑，这些都是觉察的一部分。说心智能或不能摆脱它的制约，仍然是它的制约的一部分；但观察这种制约而什么也不说，是觉察的一种深化——觉察到整个思维的过程。

因此，通过觉察，我开始如实看到我自己——完整的我自己。每时每刻都注意到它所有的思想、感受和反应——无意识的和有意识的，心智在持续发现它自身行为的意义，这就是自我了解。然而，如果我的理解仅仅是累积性的，那么，那种积累就变成一种阻止进一步理解的制约。因此，心智能不伴随着积累观察自身吗？

所有这些仍然只是觉察的一部分，不是吗？一棵树不仅是树叶、花朵或果实，它也是树枝和树干——是由各种事物来组成整棵树的。同样，觉察是心智的整体的过程，而不仅仅是那种过程的某个碎片。但是，如果心智谴责那种过程的任何部分或为任何部分辩护，或者将自身与快乐的事情认同并且拒绝痛苦的事情，那么心智就无法理解自身的整个过程。只要心智仅仅在积累经验和知识——那是它一直在做的事情，它就没有能力走得更远。这就是为什么要发现新的事物就必须存在对一切经验的死亡，并且为此必须存在每时每刻的觉察。

所有的关系都是一面镜子，在其中心智能发现它自身的运行。关系是一个人自身与其他人之间、一个人自身与物品或财产之间、一个人自身与想法之间、一个人自身与自然之间的关系。并且，在这种关系的镜子中，只有当一个人能够不带着判断，不带着评价、谴责和辩护去看的时候，他才能如实地看到自己。当一个人拥有某种据以观察的固定的点时，在他的观察中就不存在理解。

因此，完全意识到一个人的整个思维过程，并且能够超越这种过程，就是觉察。你可能会说，如此持续地觉察是非常困难的。当然，它是非常困难的——它几乎是不可能的。你无法让一台机器一直全速地工作，它会坏掉，它必须慢下来，休息一下。同样，我们无法一直保持完全的觉察，是吧？不时地觉察就足够了。如果一个人完全地觉察一两分钟然后放松下来，在这种放松中自发地观察一个人自身心智的运行，那么一个人在这种自发中比在持续观察的努力中会发现更多的东西。当你在走路、谈话或读书时，你可以在每一刻毫不努力地、轻松地观察你自己。只有那时你才会发现，心智有能力将自己从它所知道或经历过的全部事情中解放出来；并且只有在自由中，它才能发现什么是真实的。

比利时布鲁塞尔，第四次公开演讲

1956 年 6 月 23 日

仅仅在一秒钟的觉察中，你就会看到整个宇宙。

提问者：我发现一直觉察是不可能的。

克里希那穆提：不要一直觉察！仅仅一点一点地觉察就可以了。请注意，不存在不间断地觉察——那是一种可怕的想法！这种对持续性的可怕欲望是一种噩梦。仅仅觉察一分钟或一秒钟，而在这一秒的觉察中你会看到整个宇宙——这不是一种诗情画意的说法。我们在一闪念中、在某个单独的时刻看到事物；但是，看到了某种事物，我们就想要俘获、抓住它，让它持续——那根本不是觉察。当你说“我必须一直觉察”时，你把它变成了一种难题，而那时你真正应该发现的是，你为什么想要一直觉察——看到它隐含的贪婪和获得的欲望。说“哦，我一直在觉察”，没有什么意义。

伦敦，第三次公开演讲

1962 年 6 月 10 日

从这种觉察中产生一种不是心智引入的，不是心智拼凑出来的清明。

如果在一场暴风雨过后你坐在一条河的岸上，你会看到河水流过，夹带着很多残枝碎片。同样，你必须观察你自身的运动——跟踪每一个思想、每一个感觉、每一个意图和每一个动机——只是观察它。这种观察也是倾听——通过你的眼睛、通过你的耳朵、通过你的洞察，认识到人类创造的所有价值观念，并且你受到它们的制约；而只有这种全面觉察的状态才会终止所有的寻求。

请务必听清这点：我们多数人认为，觉察是一种需要进行练习的神秘事情，我们应当聚在一起，日复一日地谈论觉察。现在看来，以那种方式你根本没有达到觉察。但如果你觉察到外在的事物——一条道路蜿蜒的曲线，一棵树的形状，另一个人服装的颜色，蓝天下山峰的轮廓，一朵花的精美，一个过路人脸上的痛苦，对其他人的无知、羡慕和嫉妒，大地的美——看到所有这些外在的事物而没有谴责、没有选择，那么你就能乘上内在觉察的潮流，那时你将认识到你自身的反应、你自身的琐碎和你自身的嫉妒。从这种外在的觉察出发，你触及内在；但是如果你没有认识到外在，你就不可能触及内在。

当存在对你心智和身体每一个行动的内在觉察，当你觉察到你的思想和你的感受——隐秘的和公开的，有意识的和无意识时，从这种觉察中产生一种不是心智引入的，不是心智拼凑出来的清明。没有这种清明，任你怎么做——你可以上天入地地进行探求——但是，你永远都不会发现什么是真实的。

萨能，第十次公开演讲
1965 年 8 月 1 日

谴责是愚蠢的、容易的；但理解是费力的，需要柔韧和智慧。

理解随着对“实际是什么”的觉察而出现。如果存在对“实际是什么”的谴责或与“实际是什么”的认同，就不可能存在理解。如果你谴责一个儿童或自身认同他，那么你对他的理解就停止了。因此，当一种想法或感觉出现时觉察到它，不谴责它或认同它，你会发现，它比以往更广、更深地展现它自己，你进而发现“实际是什么”的整个内容。要理解“实际是什么”的整个过程，必须存在无选择的觉察，一种摆脱了谴责、辩护和认同的自由。当你对“完全地理解某个事物”真正感兴趣时，你会付出你的整个心灵而不保留任何东西。但不幸的是，你通过宗教和社会环境受到制约、教育和约束，进而去谴责或辩护而不是去理解。谴责是愚蠢的、容易的；但理解是费力的，需要柔韧和智慧。谴责，像认同一样，是一种自我保护的形式；谴责或认同是理解的一种障碍。要理解一个人陷入其中的困惑和痛苦以及整个世界的这种状况，你必须观察它们的整个过程；觉察和追踪它们所隐含的全部内容，需要耐心、敏捷追踪和寂静。

只有当存在静止——当存在安静的观察和被动的觉察时，才会存在理解；只有那时，问题才会展现它自身全部的意义。我谈到的觉察是每时每刻对“实际是什么”的觉察，对思想的活动及思想的微妙欺骗、恐惧和希望的觉察。无选择的觉察会完全化解我们的冲突和苦难。

马德拉斯，第十一次公开演讲

1947 年 12 月 28 日

当存在一种无选择的觉察时，就不存在努力。

难道努力不意味着一种将“实际是什么”变成“它不是什么”——“它应该是什么”或“它应该成为什么”的斗争吗？我们在不断地逃避“实际是什么”，去转变或修改它……

只有当不存在对“实际是什么”的准确觉察时，转变的努力才会发生。因此，努力就是“没有觉察”。觉察揭示了“实际是什么”的意义，对这种意义的完全揭示带来自由。因此，觉察就是“没有任何努力”；觉察就是对“实际是什么”的没有扭曲的感知。

马德拉斯，第七次公开演讲

1947 年 12 月 30 日

一个人必须觉察，通过觉察，一个人会发现自己多么受制约。

提问者：先生，如果不存在努力，如果不存在方法，那么，任何进入觉察状态的转变，任何进入一个新维度的转换，肯定是一个完全随机的事件，从而不受你就这个话题所说的任何事情的影响。

克里希那穆提：啊，不，先生！我没有那样讲。（笑声）我说过一个人必须觉察。通过觉察，一个人会发现自己是多么受制约。通过觉察，我知道，我们受到了制约。我们从来没有解决那种制约。那种制约是我们存在的垃圾，而我们希望从中会生长出某种非凡的东西，但我恐怕那是不可能的。觉察并不意味着某种偶然事件，某种不可靠的、模糊的东西。如果一个人了解了觉察的含义，不仅一个人的身体会变得高度敏感，而且整个实体都会被激活，它会被注入一种新的能量。去那样做，你就会看到。不要坐在岸上推测河流，请跳进去随着这种觉察之流一起运动，你会亲自发现我们的思想、我们的感受和我们的观念异常地局限。

伦敦，第五次公开对话
1965 年 5 月 6 日

当一个人观察时，觉察发生了……

你知道，集中注意力——集中注意力于某一页书，某种观念、意象、符号等等——就是努力。集中注意力是一种排除的过程。你对一个学生说“不要向窗外看，请注意看书本”。他想要向外看，但他强迫自己去看——看书的页面，因此存在冲突。这种集中注意力的不断努力，是一种排除的过程，与觉察没有任何的关系。当一个人观察时，觉察就发生了——你能做到；任何人都能做到——不仅在外部观察外在的事物——树、人们说的话、一个人怎样认为等等——而且在内部没有选择地觉察，仅仅观察而不进行挑选。因为只有当你挑选、当选择发生时，而不是当存在清明时，才存在困惑。

欧亥，第五次公开演讲

1966 年 11 月 12 日

觉察是不带有谴责的观察。

提问者： 觉察和自我反省之间的区别是什么？在觉察中是谁在觉察呢？

克里希那穆提： 让我们首先检查一下，我们说的“自我反省”是什么意思。我们说的“自我反省”指的是，看一个人自己的内心，检查一个人自己。一个人为什么检查自己？是为了改善、为了改变、为了修改；你为了变成某个事物进行自我反省，否则你不会沉溺于自我反省。如果不存在修改、改变以及变成有别于“你实际是什么”的另外某种事物的欲望，你就不会检查你自己。我是愤怒的，因而我反省、检查我自己，为了摆脱愤怒，或修改、改变愤怒。只要存在自我反省——

自我反省是修改或改变“自我”的反应的欲望，就总是存在预期要达到的目标；当目标没有被达到时，就存在闷闷不乐，即沮丧。因此，自我反省必然伴随着沮丧。我不知道你是否注意到，当你自我反省——当你为了改变自己而深入调查自己时，总是存在一种沮丧的情绪波浪，总是存在一种你不得不抗争的郁郁寡欢的情绪波浪；你不得不再次检查自己，以便超越这种心情；等等。自我反省是一种其中不存在解放的过程，因为它是一个将“实际是什么”转变到某种“它所不是的事物”的过程。显然，那正是当我们自我反省、当我们沉溺在这种特别行动中时所发生的事情。在那种行动中，总是存在一种积累的过程；“我”在检查某个东西以便改变它，所以总是存在一种冲突和一种挫折的过程，从来不存在一种解放；而意识到这种挫折，就会产生沮丧。

觉察是完全不同的：觉察是不带有谴责的观察。觉察带来理解，因为不存在谴责或认同，而只存在安静的观察。如果我想要理解某个事物，我必须观察，我必须不批评，我必须不谴责，我必须不作为快乐而追求它或作为不快乐而回避它；必须仅仅存在对事实的安静的观察；不存在预期的目标，而只存在当每个事物出现时对它的觉察。当存在谴责、认同或辩护时，这种观察和对这种观察的理解就停止了。自我反省是自我提高，所以自我反省就是“以自我为中心”。觉察不是自我提高；正相反，它是自我——“我”及其癖好、记忆、需要和追求——的终止。在自我反省中存在认同和谴责，而在觉察中不存在认同和谴责，所以，不存在自我提高。在两者之间存在巨大的差别。

想要提高自己的人永远不可能觉察，因为提高意味着谴责和达成某种结果；然而，在觉察中存在没有谴责、没有拒绝或接受的观察。这种觉察从外在事物开始，处于觉察的状态，与外在事物、与自然接触。首先，觉察到一个人周围的事物，对物体、对自然，然后对人们——那意味着关系——敏感，接下来觉察到观念。这种觉察——对物体、自然、人们和观念敏感——不是由分开的过程组成的，而是一种统一的过程。它是一个人对一切事物，对一切思想、情感和行动的持续的观察——当它们在一个人的内心出现时。由于觉察不是谴责性的，所以不存在谴责；只有当你拥有某种标准——标准意味着存在积累进而自我提高——时，你才会谴责。觉察就是在“我”与人们、与观念、与事物的关系中，去理解自我的行动。这种觉察是每时每刻进行的，因而它不可能被练习。当你练习某种事情时，它就变成了一种习惯；而觉察不是一种习惯。一种习惯性的心智是不敏感的，墨守成规的心智是迟钝、顽固的；然而，觉察需要持续的柔软和警觉。这并不困难；它就像当你对某种东西有兴趣——当你有兴趣观看你的孩子、你的妻子、你种的植物或养的鸟类时，你实际所做的。你没有带着谴责，没有带着认同观察；因此在那种观察中存在完全的交流：观察者和被观察之物处于完全的交流中。这种事情发生在当你深深地、从根本上对某个事物感兴趣的时候。

因此，在觉察和自我反省的“自我扩展性提高”之间存在巨大的差别。自我反省导向沮丧，导向进一步的冲突；然而，觉察是一种从“自我”的行动中解放出来的过程；它是去觉察你日常的活动、你的想法、你的行动，并且觉察另外一个人，观察他。只有当你爱某个人时，当你深深地对某个事物感兴趣时，你才能这样做。当我想了解我自己——我的整个存在，我的整个内容而不仅是一两个层面时，显然必须不存在谴责；那时我必须对任何思想、对任何情感、对所有的情绪、对所有的压抑开放。并且，随着越来越扩展的觉察的出现，会存在越来越多的，从思想、动机和追求的隐藏运动中解放出来的自由。觉察就是自由，它带来自由，它产生自由。然而自我反省却培养冲突和自我封闭，因此，其中总是存在沮丧和恐惧。

提问者也想知道是谁在觉察。当你拥有任何一种深刻的体验时，正在发生的是什么事情呢？当存在这样一种体验时，你会觉察到你在体验吗？当你愤怒时，在一刹那的愤怒、嫉妒或喜悦中，你觉察到你嫉妒或你愤怒吗？只有当体验结束时才存在体验者和被体验之物；那时体验者观察被体验之物，即体验的对象；在体验的那一刻，既不存在观察者，也不存在被观察之物，只存在那种体验。我们多数人不是在体验；我们总是处于体验的状态之外。所以，我们问这种诸如“谁是观察者”“谁是觉察者”之类的问题。无疑，这是一种错误的问题，不是吗？在存在体验的那一刻，既不存在觉察的人，也不存在他觉察的目标——既不存在观察者，也不存在被观察之物，只存在一种体验的状态。我们多数人发现，生活在一种体验的状态中是极其困难的，因为那需要一种非凡的柔软，一种迅捷，一种高度的敏感；而当你在追求某种结果，当我们想要成功，当我们有想象中的目标，当我们在算计——那一切带来挫败和沮丧时，那些品质就都被否定了。一个人不要求任何东西——不是在寻求某种目标，不是在寻找某种结果及其暗示——这样一个人是处于一种持续体验的状态；那时每个事物都拥有一种运动，一种意义。没有旧的、烧焦的和重复的东西，因为“实际是什么”从来不是旧的东西。挑战总是崭新的，只有对挑战的反应是旧的。旧的东西产生进一步的残余，即记忆和观察者，观察者将自身从被观察之物——从挑战、从体验中分离出来。

你可以非常简单、非常轻松地亲自体验到这一点。下次当你感到愤怒、嫉妒、贪婪、暴力或任何其他可能的情绪时，请观察你自己。在那一刻或那一秒之后，你称呼它，你给它命名，你称它为嫉妒、愤怒或贪婪；因此你立即就制造出观察者和被观察之物、体验者和被体验之物。当存在体验者和被体验之物时，体验者试图修改体验——改变它，记住有关它的事情等等——从而维持在他自身与被体验之物之间的区分。如果你不给那种感受命名——这意味着，你不是在寻求某种结果，你不是在谴责，你只是在安静地觉察那种感受时。你会发现，在这种感受、体验的状态中，不存在观察者和被观察之物，因为观察者和被观察之物是一种共同的现象，因而只存在体验。

所以，自我反省和觉察是完全不同的。自我反省导向沮丧，导向进一步的冲突，因为其中蕴含着改变的愿望，而改变只不过是一种修改后的延续。觉察是一种状态，其中不存在谴责，不存在辩护或认同，从而存在理解。在这种被动、警觉的觉察状态中，既不存在体验者，也不存在被体验之物。

自我反省，是一种自我提高、自我扩展的形式，永远不会导向真理，因为它永远是一种自我封闭的过程；然而，觉察是一种真相——“实际是什么”的真相，日常生存的简单真相——能够在其中出现的状态。只有在我们理解了日常生存真相的情况下，我们才能走远。要走远你必须从近处出发；但我们多数人想一蹴而就，想在没有了解近处的情况下从远处开始。当我们理解了近处的事情时，我们会发现近处和远处之间的距离是不存在的——没有距离；起点和终点是一个。

《最初和最终的自由》

如果思想者停止认同、评价和判断，那么就只存在思考而没有中心。

提问者：我认为，知道我们说的看见和观看是什么意思，是相当重要的。你曾说过，不存在动机或中心，只存在一种过程。一种过程如何能够观察另一种过程？

克里希那穆提：这像是一种盘问！当然你不是在试图让我落入圈套，并且我也不是试图机灵应对。我们试图做的是去理解问题。问题非常复杂，一两个提问或应答将不足以解决它。而我们所能做的，是从不同的方向来接近它，尽可能耐心地观察它。

所以，问题是这样的：如果只存在一种过程，不存在观察这种过程的中心，那么，一种过程如何能够观察它自身呢？过程是积极活跃地在运动、在变化的，一直处于运动中——而如果没有中心，那种过程如何能够观察它自身呢？我希望这个问题对你来说是清楚明白的；否则，我将要说的话不会有什么意义。

如果整个生活是一种运动、一种变迁，那么它如何能够被观察，除非存在一种观察者吗？目前，我们受到了制约从而相信——并且我们认为我们知道——存在一种运动、一种过程，也同样存在一种观察者；因此我们认为，我们与过程是分开的。对我们多数人来说，存在“思想者和思想”“体验者和体验”。对我们来说事情就是这样，我们把它作为一种事实来接受。但真的是这样吗？存在一种处于思想、思考和体验之外的思想者、观察者或观看者吗？在没有思想的情况下存在一种思想者中心吗？如果你去掉思想的话，存在一个中心吗？如果你根本没有思想、没有抗争、没有获得的要求、没有成为什么的努力，那么存在一个中心吗？还是，中心是由思想——思想感到自身不稳定、不持久，处于变迁的状态——制造出来的？如果你观察的话，你会发现，正是思想的过程制造出了中心，中心仍然是在思想的领域内。而关键点在于，在没有观察者的情况下，观察—觉察这种过程是可能的吗？心智能觉察它自身吗？

请注意，这需要大量的洞察力、冥想和穿透力；因为我们多数人假设，存在一种有别于思想的思想者。但如果你稍微仔细地更深入一点儿，你会看到，思想创造了思想者。正在指导的、作为中心和法官的思想者，是我们思想的产物。如果你真正看它的话，你会看到，这是一个事实。多数人受到制约而相信，思想者与思想是分开的，并且他们赋予思想者永恒的品质；但是，只有当我们理解了思考的整个过程时，那种超越时间的事物才能出现。

那么，在没有中心的情况下，心智能够在行动中、在运动中觉察到它自身吗？我认为它能。只有当存在对思考的觉察，而不存在思考的思想者时，这才是可能的。你知道，认识到只存在思想，是一种多么有价值的体验；而体验到这点是非常困难的，因为思想者很习惯地在那儿评价、判断、谴责、比较和认同。如果思想者停止认同、评价和判断，那么就只存在思考而没有中心。

中心是什么呢？中心就是“我”，想要成为一个伟大人物，有这么多结论、恐惧和动机的“我”。我们从那个中心出发去思考，但那个中心是由思考的反应建立起来的。那么，心智能否在没有中心的情况下觉察到——只是观察它而不思考呢？你会发现，只是观察一朵花而不给它命名，不将它与其他花比较，不从喜欢或不喜欢出发评价它，是异常困难的。去这样试验一下你会看到，观察某个事物而完全不带入你的偏见、你的情绪和评价，确实非常困难。但是尽管困难，你会发现，没有一种观察心智运动的中心，心智是能够觉察到它自身的。

瑞典，斯德哥尔摩，第三次公开演讲
1956 年 5 月 21 日

我的关系会经历一场巨大的革命。

我通常带着我的偏见和记忆去看我的妻子，或是某个人。我通过这些记忆去看，我就是从这个中心向外看的，所以，观察者与被观察的事物是不同的。在这个过程中，思想通过迅速的联想，在不断地进行干涉。那么，当我即刻完全认识到其中的含义时，就会出现一种没有观察者的观察。对于树木、对于大自然来说，做到这点是很简单的，但对于人会发生什么呢？如果我以非语言的方式，不是作为一种观察者，看我的妻子或是某个人，会是相当可怕的——难道不是吗？因为我与她或他的关系就完全不同了，它在任何意义上都不是个人的事情，它不再是一件事关个人快乐的事情，因而我害怕它。我可以不带着恐惧看一棵树，因为与自然交流是相当容易的；但与人交流要危险和可怕得多。我的关系会经历一场巨大的革命。以前，我拥有我的妻子，她也拥有我；我们喜欢被拥有；我们生活在我们自己封闭的、自我认同的空间里。在观察中，我去掉了这种空间，我现在处于直接的接触中——我在没有观察者进而没有中心的情况下看。除非一个人完全理解了这整个问题，否则仅仅发展一种看的技术，会变得令人可怕——那时一个人会变得愤世嫉俗及诸如此类。

伦敦，第六次公开对话

1965 年 5 月 9 日

当不存在观察者时，你就完全清空了过去。

提问者：如果我们都是那种背景——过去，那么谁是观看过去的观察者呢？我们怎样把过去和说“我在看它”的实体分开呢？

克里希那穆提：谁是在看过去的实体或观察者呢？那个说“我在看无意识”的实体、思想或存在——无论你称它为什么——是谁呢？

在观察者和被观察之物之间存在一种分离——真的是这样吗？难道观察者不是被观察之物吗？所以，根本不存在分离！请慢慢地深入探究这个问题。如果你理解这件事情，那么它将是能够发生的最超凡的现象！你理解这个问题吗？存在有意识，同样存在无意识，并且我说，我必须完全了解这个事情。我必须了解意识的内容，并且了解当不存在内容时意识的状态——后者又深入了一步，如果我们有时间的话，我们将深入探究它。

我在看着它。我这个观察者说——无意识是过去；无意识是我出生在其中的种族、传统——不仅是社会的传统，而且是家族、种姓的传统——及整个印度文化的残余，整个人类及其所有难题、焦虑、愧疚等等的残余。我是那一切，并且那就是无意识，是时间——成千上万个昨天的结果，并且存在正在观察它的“我”。那么，谁是观察者呢？——再次，你要亲自找出来——发现谁是观察者！不要等着我告诉你！

提问者：观察者就是看的人。

克里希那穆提：但谁是看的人呢？观察者就是被观察之物——请等一下，等一下！女士，这个问题非常重要。观察者就是被观察之物，两者不存在区别——这意味着观察者就是被观察之物。那么，观察者能拿无意识怎么办呢？

提问者：什么也不能做。

克里希那穆提：不，女士，这确实是一个非常重要的问题。你不能只是将它丢到一边，说“什么也不能做”。如果我是过去的结果并且我就是过去，我无法对无意识做任何事情。你看到那意味着什么吗？如果我无法对它做任何事情，那么我就从它之中解放出来了——啊，不，不，女士！不要这么快就同意，这需要巨大的注意。如果我无法在任何层面上对苦难——身体的和心理的苦难——做任何事情，那么我就完全从中解放出来了；只有当我感到我对它能做某种事情时，我才会受到它的束缚。

提问者：当我无法对它做任何事情时发生了什么呢？难道过去不就是现在吗？心智被束缚在其中，它能做什么呢？

克里希那穆提：现在就是过去，是修改后的过去，但它仍然是过去，它将要创造未来——明天。过去，穿过现在，就是未来；未来是修改后的过去。我们将过去分成了现在和未来，所以过去是一种持续不断的运动；虽然经过了修改，但它永远是正在运行的过去。因此，不存在现在！过去始终在运作，尽管我们称之为现在，并试图生活在现在，试图推开过去或未来，说“当下是唯一重要的存在”；然而它仍然是过去——我们将它分为现在和未来。那么，会发生什么——提问者问，当我意识到过去就是我，就是正在检查过去的观察者时；当我认识到观察者就是过去时，会发生什么？——谁将会告诉你？讲话者吗？如果我告诉你会发生的事情，我所告诉你的就仅仅成为另外一种结论，这种结论成为无意识的一部分；你会按照所说的话运行，而没有亲自发现任何事情；当你在等待讲话者告诉你时，你正在做的全部事情仅仅是在积累；那种积累被修改为现在和未来，因而你永远生活在时间的流动中。但是，当你认识到，观察者、思想者就是过去，所以在观察者和被观察之物之间不存在区分时，在观察者方面的所有行动都停止了，难道不是吗？我们还没有认识到那一点。

提问者： 但时间是一种幻觉。

克里希那穆提： 啊，不，不！时间不是一种幻觉。你怎么能说时间是一种幻觉呢？你将要去吃午饭；你有一所房子，你将要回家；你将要去乘火车，并且这段旅程将要花五个小时或一个小时。那就是时间，它不是一种幻觉；你不能将它解释为幻觉。事实是，无意识就是过去，并且观察者说“我必须清空过去，我必须对它做点儿什么，我必须抵制它，我必须净化它，我必须清除某种令人神经质的制约”等等。因此，他——观察者，行动者——将无意识看作某种与他自己不同的事物。但是，当你非常仔细地看它时，行动者、观察者就是无意识，就是过去。

提问者：一个人怎样清空过去呢？

克里希那穆提：你无法清空。当不存在观察者时，你就完全清空了过去。在制造过去的正是观察者；正是观察者说“我必须依照时间来对它做点什么”——这点是最重要的。理解这一点非常重要：当你看一棵树时，存在树也存在你——观察者在看着它；在看它的你，拥有关于那棵树的知识，你知道它是什么物种、什么颜色、什么形状和什么种类，它是否有益；你拥有它的知识，所以，你作为充满关于它的知识的观察者正在看它，就像你带着过去的知识、带着所有的伤害和所有的欢乐看你的妻子或丈夫一样；目前你总是站在观察者和被观察之物这两种不同的地位在看，你从来没有真正地看一棵树，你总是带着那棵树的知识在看。这是非常简单的：看另外一个人——妻子、丈夫或朋友——需要你用一种新鲜的心智去看；否则，你无法看见。如果你带着过去、带着快乐、带着痛苦、带着焦虑、带着他或她曾对你说过的话去看，那些就被继续保持下去；你带着那一切，通过那一切去看，那些就是观察者。如果你能看一棵树、一朵花或另外一个人而不带有观察者，那么一种完全不同的行动就会发生。

萨能，第一次公开演讲
1966 年 7 月 10 日

如果思想者没有得到理解，那么，他的思考显然就是一种逃避的过程。

毫无疑问，重要的事情是在没有选择的情况下觉察，因为选择带来冲突。选择者处于困惑中，所以他选择；如果他不是处于困惑中，就不存在选择的问题。只有困惑的人才选择他应该做或不应该做什么；内心清楚明白并且简单的人不进行选择，“实际是什么”就是什么。基于某种观念的行动显然是选择的行动，并且这样的行动不是解放；正相反，它只是按照那种受到制约的思考制造进一步的抵制——进一步的冲突。

那么，重要的是每时每刻地觉察而不积累觉察所带来的经验；因为你一积累，你就会仅仅按照那种积累——按照那种模式，按照那种经验——去觉察。换句话说，你的觉察受到你的积累的制约，因而就不再存在观察，而只存在诠释。存在诠释的地方，就存在选择；而选择制造冲突，在冲突中不可能存在理解。

虽然我们讨论了四个星期，在理解我们自身的过程中仍然存在困难，因为我们从来没有考虑这种事情；我们没有看到“直接地——不按照任何观念、模式或导师——探索我们自身”的重要性和意义。只有当我们看到，没有自我了解就不可能存在思想、行动和情感的基础，并且自我了解不是想要达成某种目标的欲望的产物时，了解我们自身的必要性才能被感觉到。如果我们通过恐惧、通过抵触、通过权威，或通过带着获得某种结果的愿望，开始探究自我了解的过程，我们会得到我们所期望的结果，但那种结果不会是对自我和自我运行方式的理解。你可以将自我放在任何层面上，你可以称它为高我或低我，但它仍然是思维的过程；并且，如果思想者没有被了解清楚，那么，它的思考显然就是一种逃避的过程。

思想和思想者是同一种事物；但制造出思想者的是思想，因而没有思想就没有思想者。因此，一个人必须认识到制约的过程——即思想的过程。并且，当存在对这种过程的无选择的觉察，当对所观察到的事物既不存在谴责也不存在辩护时，我们看到，心智就是冲突的中心。在对心智和心智运行方式——有意识的和无意识的方式，通过梦，通过每一个言辞，通过思想和行动的每一种过程的理解中，心智变得极其平静；心智的那种平静就是智慧的开端。智慧无法买到，它无法学到；只有当心智是平静的——极其寂静，不是由强迫、强制或约束而造成的寂静——那时智慧才会出现。只有当心智自发地平静时，它才可能理解那超越时间之物。

纽约，第五次公开演讲

1950 年 7 月 2 日

第二章 自我及其行动

如果你没有认识到你对生活中每一个挑战所做的反应，那么你就缺乏自我了解。

我想知道，我们多数人在寻找什么，以及当我们确实发现了我们寻找的东西时，它是完全令人满意的，还是在我们找到的东西里面总是存在沮丧的阴影呢？并且，是否可能从一切事情中——从我们的悲伤和欢乐中——学习，以至于我们的心智变得新鲜，从而有能力学习无限多的东西呢？

我们多数人听讲，是为了被告知去做什么或去遵循某种新的模式，或者我们听仅仅是为了收集更多的信息。如果我们带着任何一种这样的态度来到这里，那么，对于我们在这些谈话中试图要做的事情而言，听的过程将没有太多的意义。而我恐怕，我们多数人仅仅关心这种事情：我们想要被告知什么，我们听是为了得到教导。而一种仅仅想要被告知的心智，显然不能够学习。

我认为，存在一种与“想要得到教导”无关的学习过程。处于困惑的状态，我们多数人想要找到某个会帮助我们走出困惑的人，因而我们只是为了遵循某种特别的模式而学习或获取知识；在我看来，所有这种形式的学习都必定不仅导向进一步的困惑，而且会导向心智的退化。我认为存在一种不同的学习——一种深入探究我们自身，并且在其中不存在导师和传授，既不存在信徒也不存在上师的学习。当你开始深入探究你自身心智的运行，当观察你自己的思维、你日常的活动和情感时，你无法得到教导，因为没有人能够教你；你无法让你的探究基于任何权威，基于任何假设，基于任何先前的知识；如果你那样做，那么你只是在遵循你已经知道的模式，从而你不再是在学习了解你自己。

我认为，学习了解自己是非常重要的，因为只有那时心智才能清空旧的东西，并且除非心智去掉了旧的东西，否则不可能出现新的冲动。如果一个人想要带来一个不同的世界——一种不同的关系，一种不同的道德结构——所必需的正是这种新的、创造性的冲动。而只有通过清空心智中旧的东西，新的冲动——无论你喜欢怎样称呼它：真实的冲动；神明的恩惠；对某种全新、未经预谋的事物，某种心智从来没想到过、永远不是心智组合起来的事物的感受——才能出现。如果没有这种极其具有创造性的现实冲动，那么，做任何你想要做的事情去清除困惑并在社会结构中带来秩序，只会导致更深的苦难。我认为，当一个人观察世界上正在发生的政治和社会事件时，这是相当显而易见的。

因此在我看来，心智清空所有的知识，是非常重要的，因为知识总是属于过去；而只要心智背负着过去以及我们个人或集体经验的残余，就不可能存在学习。

存在一种始于自我了解的学习，即一种随着对你的日常活动——你做什么，你想什么，你与另一个人的关系是什么，你的心智如何对你日常生活的每一个事件和挑战进行反应的觉察而产生的学习。如果你没有认识到你对生活中每一个挑战所做的反应，那么你就缺乏自我了解。只有当你与某个事情相关，与人们、与观念以及与事物相关时，你才能够了解你自己。如果你将自己假设为任何东西，例如，如果你将自己假定为灵魂或高我，并且从那里——那种假设显然是某种形式的结论——出发的话，你的心智就失去了学习的能力。

当心智背负着某种结论、某种模式时，探究就停止了。而探究是必要的，不仅要像某些专家在科学或心理领域里正在做的那样去探究，而且要深入探究一个人自身，从而了解一个人整个的存在，了解一个人的心智在有意识和无意识层面上，在其日常生存的所有活动中的运行：一个人怎样行使职责；当一个人去办公室上班、乘公交车时，当一个人与自己的孩子、妻子或丈夫等等谈话时，一个人如何反应。除非心智觉察到完整的自己——不是作为它应该如何，而是作为它实际是什么——除非它觉察到它的结论、它的假设、它的理想和它的遵循，否则不可能出现这种崭新的、具有创造性的真实冲动。

你可能了解你心智的表层，但了解无意识的动机、驱动和恐惧，传统和种族遗传的隐藏的残余——觉察到这一切并给予它们仔细的注意，是件非常艰苦的工作；它需要大量的能量。我们多数人不愿意仔细注意这些事情；我们没有耐心一步一步、一寸一寸地深入探究我们自己，以便我们开始了解心智所有的微妙之处和错综复杂的运动。但只有完整理解自身从而能够不自我欺骗的心智才能够将自身从过去中解放出来，并且超越它自身在时间领域内的运动。这并不是非常困难，但它需要大量的艰苦工作。

当你到办公室上班时，你做大量的工作；为了生活你不得不工作以维持生计，或做任何其他事情。你被训练在商业世界里努力工作；如果在最后存在某种奖励的话，你也愿意在所谓的灵性世界里努力工作；如果你得到承诺在天堂里有个位置，你愿意努力工作去得到它——但那只是一种贪婪的行动。

那么，存在一种不同的工作方式，那就是：深入探究我们自身并精确了解在心智的领域里正在发生的事情，并且不是为了获得某种奖励，只是为了非常简单的原因，即只要心智不理解自身，显然不可能存在苦难的终结。并且归根结底，我们生活在其中的世界不是政治活动或科学探索等等的宏大世界；它是家庭的小世界，在家里或在办公室里，在两个人之间——在丈夫和妻子、家长和孩子、教师和学生、律师和客户、警察和公民之间——的关系的世界。那就是我们所有人生活在其中的小世界，但我们想要逃离那种人与人关系的世界，逃进某种我们想象出来的，根本不是真实存在的离奇世界里。如果我们不理解关系的世界并在其中带来一种根本的转变，那么我们就不可能创造一种新的文化、一种新的文明和一个和平的世界。所以，那种创造必须从我们自身开始。世界需要一种巨大的、根本的改变，但它必须从你和我开始；而如果我们不理解我们整个思想、情感和行动的世界，如果我们不每时每刻觉察我们自己，那么我们就无法在我们自身带来真正的改变。而且你会看到，如果你处于非常觉察的状态，那么心智就开始将自己从过去的所有影响中解放出来。归根结底，目前心智是过去的产物，从而所有的思考都是过去的投射——思考只是过去对挑战的反应——因此，仅仅想到创造一种新的世界，永远不会使一种新世界成为现实。

大多数人当他们困惑或受到干扰时，就想要回到过去——他们寻求复活旧的宗教，重新建立古代的习惯，恢复他们祖先的敬拜方式，诸如此类。但是，毫无疑问，必要的是去发现，是否作为过去产物的心智——困惑、失衡，在黑暗中摸索和寻找的心智——这样一种心智是否能够在不求助于上师的情况下学习，它是否能够开启一段没有向导的旅程。因为只有当存在通过了解你自己而产生的光时，进行这样的旅程才是可能的。这种光无法由另外一个人给你，没有大师或上师能将它给你，你也不会在《薄伽梵歌》或任何其他书籍中发现它。你必须在你自己的内心发现这种光，这意味着你必须深入探究你自身，而这种探究是件辛苦的工作。没有人能够引领你，没有人能够教你如何深入探究你自己。我能够指出，这种探究是必要的；但实际探究的过程必须从你自身的自我观察开始。

一个想要理解真实之物——那实际存在的、那善良的或者超越心智量度之物；你喜欢叫它什么就叫它什么的心智，必须是空无的，但没有觉察到它是空无的。我希望你看到两者的区别——如果我意识到我是善良的，我就不再是善良的；如果我意识到我是谦逊的，谦逊就停止存在了。同样，如果心智意识到它是空无的，它就不再是空无的，因为此时存在正在体验空无的观察者。

那么，心智摆脱观察者、审查者是可能的吗？归根结底，审查者、观察者或思想者就是自我——总是想要越来越多经验的“我”：我已经拥有了这个世界能够给予我的所有经验——及其痛苦和欢乐，及其野心、贪婪和妒忌——而我不满足，因此我想要在另一个我称为灵性世界的层面上拥有更深一层的经验。但是体验者继续存在，观察者保持不变：观察者、思想者或体验者可能会培养美德，他可能约束他自己，试图引领一种他认为是道德的生活，但他在实际上仍然保持原来的样子。那种体验者——那种自我——能够完全停止存在吗？因为只有那时，心智才能够清空它自己，新的事物、真相和创造性的现实才能够出现。

以非常简单的方式表达就是：我忘记我自己，是可能的吗？请不要说可能或不可能，我们不知道它意味着什么。圣典上说如此这般，但那只是言语，而言语不是现实。重要的是，心智去发现，那种被组合起来的东西——经验者，思想者，观察者，那个“我”能否消失，能否将自身化解；肯定不存在化解它的其他实体。我希望我表达清楚了。如果心智说“为了达到超凡状态，‘我’必须被化解”，那么就存在意志的行动，存在想要达成的一种实体，因此，“我”仍然存在。

那么，心智能否在没有任何动机的情况下，让自身免于成为观察者、观看者、体验者呢？显然，如果存在某种动机的话，那种动机的本质恰恰就是“我”，即体验者。你能否在没有任何压力——没有任何想得到奖励的愿望或对惩罚的恐惧——的情况下完全忘记你自己，即只是忘记你自己呢？我不知道你是否尝试过。你曾经有过这样一种想法，它曾经出现在你的脑海里吗？当这样一种想法的确出现时，你马上会说，“如果我忘记我自己，我怎样生活在这个世界上？在这个世界上每个人都在努力把我推到一边，超过我”。要得到这个问题的正确答案，首先你必须知道怎样在没有“我”、没有经验者、没有以自我为中心的行动——它们制造悲伤，其本质恰恰就是——在困惑和痛苦的情况下去生活。因此，生活在这个充满复杂关系和各种辛劳的世界上，一个人是否可能完全放弃自己，并且从行将组成“我”的事物中解放出来呢？

你们看，先生们和女士们，这是一种探究，不是从我这里得到某种答案。你将不得不亲自找到答案，而这需要大量的调查，辛苦的工作——比谋生更加辛苦的工作，谋生仅仅是单调重复的——它需要惊人的警醒、持续的警觉性和对每一个思想运动的不断探究。而你一开始深入探究思想的过程，即隔离每一个想法并从头至尾考虑它，你就会看到，这是一件多么费力的事情，它是一个懒惰的人不乐意去做的事情。而这样做是必要的，因为只有清空了所有旧的认知、旧的干扰，以及冲突和自相矛盾的心智——只有这样一种心智，才能有新的、创造性的真实冲动。那时心智创造出它自身的行动：它产生出一种完全不同的行动，不是仅仅进行社会改革——无论多么必要，无论多么有利，仅仅进行社会改革不可能带来一种和平、幸福的世界。

作为人类，我们都有能力进行探究和发现，并且这整个的过程就是冥想。冥想恰恰就是深入探究冥想者的存在本身。没有自我了解，没有觉察到你自己心智的运行方式——从思想的表面反应一直到它最复杂微妙之处——你就无法冥想。我可以肯定地说，一个人了解、觉察自己，其实不困难；但对我们多数人来说，它是困难的，因为我们如此害怕去探究、去摸索和去寻找。我们害怕的不是未知的事物，而是放弃已知的事物。只有当心智已知淡出时，才存在从已知中解放出来的完全的自由；并且只有那时，新的冲动才可能出现。

孟买，第四次公开演讲

1957 年 2 月 20 日

一个寻求经验的心智局限它自己，并且是它自身痛苦的根源。

经验硬化成一种中心，我们从这种中心出发去行动。

经验几乎总是在心智中形成一种坚硬的作为自我的中心，自我是一种退化的因素。我们大多数人在寻求经验，我们可能厌烦了世俗的有关名声、财富、性等等的经验，而我们都想要某种更强烈、更广的经验；我们中那些正在企图达到某种所谓的灵性状态的人尤其如此。我们厌烦了世俗的事物，想要某种更广泛、更宽广、更深邃的经验；而为了达到这样一种经验，我们压抑、控制、支配我们自己，希望由此达到对自己信仰或你想要的任何什么的全面领悟。我们认为，为了扩大视野，对经验的追求是一种正确的生活方式；而我质疑事情是否真的如此。这种对经验的寻求——其实是对更强烈、更圆满感受的需求——会导向真实吗？还是说它是一种削弱心智的因素呢？

在我们对感受——我们称其为经验——的寻求中，我们想尽各种办法，不是吗？我们遵行所谓的灵性戒律——我们控制、压抑以及进行各种形式的宗教修炼——都是为了达到某种更强烈的经验。我们有些人实际做了这一切，与此同时其他人只是玩弄想法。但贯穿这一切，根本的愿望是为了更强烈的感受——作为与我们日常生活的痛苦、迟钝、简单重复和孤独相对抗，让快乐的感受扩大，使其更高并且持久。因此，心智永远都是在寻求经验，并且经验形成一个中心，我们从这种中心出发去行动。在这种中心中——在这些过去的积累和硬化的经验中，我们生活，我们存在。然而，是否可能生活不形成这种经验和感受的中心呢？因为在我看来，那样的话，生活会拥有与目前我们赋予它的意义相比完全不同的意义。现在我们都关心中心的扩展——获得更强烈、更广的加强自我的经验，不是吗？而我认为，这种做法必定对心智造成局限。

因此，是否可能生活在这个世界上而不形成这种中心呢？我认为，只有当存在对生活的完整觉察——一种其中不存在动机和选择却只有简单观察的觉察时，它才是可能的。我认为，如果你愿意这样去试验并且考虑得稍微深一些的话，你会发现这种觉察不形成一种“经验和对经验的反应能够围绕着它积累”的中心；那时心智变得惊人地活跃，并且具有创造性——我不是指写诗或画画，而是指一种其中自我完全缺席的创造性。我认为这才是我们多数人真正在寻求的心智状态：一种其中不存在冲突的状态，一种和平而宁静的状态。但是，只要心智是感受的工具并且永远在要求进一步的感受，这种心智状态就不可能实现。

归根结底，我们多数的记忆是基于感受——要么快乐，要么痛苦——我们试图逃避痛苦的记忆，而紧紧抓住快乐的记忆；我们压抑或寻求避免一个，而我们追求、抓住并考虑另一个。因此，我们经验的中心在本质上是基于快乐和痛苦的——两者都是感受，并且我们一直在追求，我们希望拥有会永远令我们满意的经验。那就是我们一直在追求的，从而存在接连不断的冲突。冲突永远不是创造性的；正相反，在心智本身内部，以及在我们与周围世界（即社会）的关系中，冲突都是最具破坏性的因素。如果我们能够真正深刻地理解这一点——一个寻求经验的心智局限它自己，并且是它自身痛苦的根源，那么也许我们能够发现什么是觉察。

觉察不意味着从生活中学习和积累教训；正相反，觉察是去除掉积累起来的经验的痕迹。归根结底，当心智只是按照它自己的愿望收集经验时，它始终是非常浅薄和肤浅的。一个深深警觉的心智没有受到以自我为中心行为的束缚，而如果存在任何谴责或比较的行为，心智就不是警觉的；比较和谴责不会带来理解，它们阻碍理解。觉察就是去观察：仅仅去观察而没有任何自我认同的过程；这样一种心智就从那种由“以自我为中心的行动”而形成的坚硬中心中解放出来了。

我认为，一个人亲自体验这种觉察的状态，而不是仅仅通过另一个人可能给出的任何描述知道它，是非常重要的。当我们理解了那种在不断地寻求经验和感受的中心时，觉察就会自然、轻松、自发地出现。一个通过经验寻求感受的心智变得不敏感，失去了快速运动的能力，因而它永远不是自由的。但是，在对它的以自我为中心行动的理解中，心智不期而遇这种无选择觉察的状态，那时这样一种心智能够完全地安静、静止下来。

斯德哥尔摩，第四次公开演讲

1956 年 5 月 22 日

你一想要摆脱自我，那种愿望本身也成了自我的一部分。

当我们觉察到我们自己时，生活的整个运动难道不就是发现“我”——自我——的一种方式吗？自我是一种非常复杂的过程，只能够在关系中——在我们日常的活动中，在我们谈话的方式、我们判断和算计的方式、我们谴责他人和我们自己的方式中——得到发现；那一切暴露出我们自身思维受制约的状态。觉察到这整个的过程不重要吗？只有通过对“什么是真实”的每时每刻的觉察，才会存在对超越时间之物——永恒之物——的发现。没有自我了解，永恒之物就不会出现。当我们不了解我们自己时，永恒之物只是成了心智可以逃向的一个词、一个符号、一种推测、一种教条、一种信仰或一种幻觉；但是，如果一个人开始在他的各种活动中日复一日地理解“我”，那么，恰恰在这种理解中，在没有任何努力的情况下，那无名之物——那超越时间之物——就会出现。但超越时间之物不是对自我了解的一种奖励。那永恒之物无法被追求；心智无法获得它；它出现在当心智是安静的时候，而只有当心智是简单的，当它不再储存、谴责、判断和衡量时，心智才可能是安静的。只有简单的心智，而不是充满话语、知识和信息的心智，才能够理解真实之物；分析、算计的心智，不是一种简单的心智……

那么，我能时时刻刻觉察到我的贪婪、我的妒忌吗？这些感受就是“我”——自我——的表现，不是吗？无论你将自我放在任何层面上，它仍然是自我；不论它是高我还是低我，它仍然是在思想的领域里。当这些感受出现时，我们能时时刻刻觉察到它们吗？当我坐在饭桌旁吃饭、谈话时，当我在玩时，当我在听时，当我与一群人在一起时，我能亲自发现我自己的活动吗？我能觉察到累积起来的愤恨，觉察到想要压抑或出人头地的欲望吗？我能否发现我是贪婪的，并且觉察到我对贪婪的谴责吗？贪婪这个词本身就是一种谴责，不是吗？觉察到贪婪，包括觉察到摆脱它的愿望，以及看到为什么一个人想要摆脱它——整个这些过程；这不是一种非常复杂的过程，一个人能够立即把握它的整个意义。就这样，一个人开始每时每刻理解“我”的这种持续的增长，连同它的自我看重和自我投射的行为——那是恐惧的根本原因。但你无法采取行动去消除这种原因；你全部所能做的就是觉察到它。你一想要摆脱自我，那种愿望本身也成了自我的一部分；所以你在自我中，为了两种想要的东西，在想要的部分和不想要的部分之间，面临一场持续的斗争。

当一个人在有意识的层面变得觉察时，他也开始发现，处于更深的无意识层面上的妒忌、挣扎、欲望、动机和焦虑。当心智专心致志于发现它自身的整个过程时，每一个事件、每一个反应都变成了发现和了解一个人自身的一种手段。那需要充满耐心的警觉——不是一个在持续挣扎、在学习如何警觉的心智的那种警觉。那时你会看到，睡眠的时间与清醒的时间同样重要，因为生活此时变成了一个完整的过程。只要你不了解自己，恐惧就会继续，并且自我制造的所有幻觉会层出不穷。

那时，自我了解不是要阅读才能知道或需要揣测的一种过程：它必须被每个人时时刻刻地发现，所以心智变得极其警觉。在这种警觉中，不存在想要成为什么或不成为什么的欲望，因而在其中存在一种惊人的自由的感觉。它可能只维持一分钟、一秒钟——那就足够了。那种自由与记忆无关，它是一种活着的东西；但是心智在品尝过它之后，将它降低为一种记忆，然后想要更多的自由。只有通过自我了解，才可能觉察到这整个的过程；并且只有当我们观察我们的缺点、我们的姿态、我们谈话的方式以及被突然揭示出来的隐藏的动机时，自我了解才会出现。只有那时才有可能摆脱恐惧；只要存在恐惧，就不存在爱；恐惧使我们的存在变得黑暗；而这种恐惧无法通过任何祈祷，通过任何理想或行动清洗掉。恐惧的起因就是“我”——有着如此复杂的欲望、需要和追求的“我”。心智必须理解那整个的过程，而只有当存在无选择的警觉时，对它的理解才会出现。

欧亥，第七次公开演讲

1953年7月11日

我们只是由于中心的存在而知道空间，中心在它周围制造空间。

提问者：某种彻底改革心智的企图，能否也被称为意识的扩展?

克里希那穆提：要扩展意识，必须存在一种觉察它的扩展的中心。一旦存在一个你从它出发向外扩展的中心，它就不再是扩展，因为中心总是限制它自身的扩展。如果存在一个中心，我从这个中心出发向外运动，中心总是固定的；我可能扩展十英里，但由于中心一直是固定的，它就不是扩展；使用“扩展”这个词是错误的。

提问者：难道革命不也意味着一种中心吗?

克里希那穆提：不，这是我曾仔细解释过的。先生，请看，让我简要说一下。你知道什么是空间。当你看天空时，存在一种空间，而这种空间是由在看的观察者制造的。存在这个物体，如麦克风，它在自己周围制造空间。因为物体存在，就存在它周围的空间。存在这个大厅、这个房间，因为四面墙而存在空间，并且存在外面的空间。我们只是由于中心的存在而知道空间，中心在它周围制造空间。因此，它可以扩展那种空间，通过冥想、集中注意力及诸如此类的方法；但空间总是由物体制造的，就像麦克风在它周围制造一种空间一样；它可以称这种空间为一万英里或十步，但它仍然是被观察者限定的空间。意识的扩展总是处于中心制造的空间范围内。在这种空间中根本不存在自由，因为它就像我在这个房间、这个大厅中是自由的一样；我不是自由的。只有当不存在观察者时，才存在自由，进而存在不可度量的空间。而我们正在谈论的革命是在心智中、在意识本身中——目前在其中总是存在以“我”或“不是我”的措辞在谈论的中心。

纽约，第五次公开演讲

1966 年 10 月 5 日

只有当思想者就是思想时，创造性的解放才会出现……

只要“我”是观察者——收集经验，通过经验强化他自己的人，就不可能存在根本的改变，不可能存在创造性的解放。只有当思想者就是思想时，创造性的释放才会出现。但思想者和思想的间隔无法通过任何努力来渡过。当心智认识到任何推测、任何语言化和任何形式的思想都只是加强“我”；当它看到，只要思想者有别于思想而存在，就必定存在局限和二元性的冲突——当心智认识到这些时，它是警觉的，它持续地觉察到，它怎样将自己从经验中分离出来，它如何自以为是以及如何寻求权力。在这种觉察中，如果心智在不寻求某种目标的情况下更深入广泛地追踪，那么，一种不存在努力——不存在改变欲望——的状态就出现了；在那种状态中“我”是不存在的，因为存在一种与心智无关的转变。

《最初和最终的自由》

真理不是某种遥远的事物，它就是心智的真相。

要理解这种“以自我为中心的行动”是什么，显然，一个人必须检查它，观察它，觉察到这整个的过程。如果一个人能觉察到它，那么就存在它分解的可能；但是，觉察到它需要一种特定的理解、一种特定的意图：如实面对事物，如实观察事物，而不去诠释它、不去修改它、不去谴责它。我们必须觉察到那种我们从“以自我为中心的状态”出发所做出的行动；我们必须意识到它。这是我们主要的困难之一，因为我们一意识到这种行动，我们就想要塑造它，我们就想要控制它，我们就想要谴责它，或者改变它；但我们从来没有处于一种直接看它的状态，并且当我们的确直接观察时，我们中很少有人能够知道要做什么。

我们认识到，以自我为中心的行为是有害的，是破坏性的；并且，任何形式的以自我为中心的行为——诸如对国家、对某个特殊团体、对某种特殊的愿望、对产生行动的欲望的认同，此生和来世对某种结果的寻找，某种观念的发扬光大，对榜样的追求，崇拜美德和对美好事物的追求，等等——在本质上都是一种以自我为中心的个人的行为；他与自然、与其他人、与观念的全部关系，都是那种行为的产物。了解了这一切，一个人要怎么办呢？所有的那种行为必须自愿地——不是通过自我强迫、受到影响或受到指导的方式——结束。我希望你看到其中的困难所在。

我们多数人意识到这种以自我为中心的行为制造麻烦和混乱，但我们只是在特定的几个方向上意识到它：要么我们在其他人身上观察它而忽略了我们自身的行为；要么在与其他人的关系中，意识到我们自身的以自我为中心的行为后，我们想要转变——我们想要找到某种替代物，我们想要超越。在我们能够处理它之前，我们必须了解这种过程是怎样产生的，不是吗？为了了解某个事物，我们必须有能力观察它；而要观察它，我们必须了解，它在不同的层面——有意识的和无意识的各种行动，以及有意识的指令，无意识动机和意图的以自我为中心的运动。毫无疑问，这就是一种以自我为中心的过程，是时间的产物，不是吗？

什么是“以自我为中心”呢？何时你意识到“我”的存在呢？——如我在这些谈话中经常建议的，请不要只是从言语的角度听我讲话，而要用话语作为一面镜子，在其中你看到你自己的处于运行中的心智；如果你仅仅听我说的话，那么你是非常肤浅的，并且你的反应也将是非常肤浅的。但如果你能够听，不去理解我或我正在说的话，而是在我话语的镜子中看到你自己——如果你把我作为一面镜子，在其中你发现你自身的行动，那么，它会有某种巨大、深远的影响。但是，如果你只是像在政治或其他任何演讲中那样听的话，那么我恐怕你会错失你亲自发现那种真相——会消除“我”这种中心的真相——的整个含义。

只有当我在反对某个事物、感觉到挫败，当“我”渴望达成某种结果——当“我”积极活跃——的时候，我才意识到“我”的这种行动；或者，当快乐结束而我想要更多的这种快乐时，我才意识到这种中心；接下来存在抵触，并且存在为了达到某个特别目标——会给予我某种高兴、某种满足的目标——而对心智的有目的的塑造；当我在有意识地追求美德时，我觉察到我自己和我的行动。这是我们都知道的：一个有意识追求美德的人不具有美德。谦逊无法被追求到，而这正是谦逊之美。

因此，在任何有意识的和无意识的方向上，只要这种行动的中心存在，就存在这种时间的运动，因而我意识到过去和连接着未来的现在。这种行动的中心，“我”的这种以自我为中心的行动，是一种时间的过程。这就是你说的时间的意思：你指的是时间的心理过程；让“我”这种中心的行为持续的，是记忆。请观察处于运行中的你自己，不要听我说的话或被我的话催眠。如果你观察你自己，觉察到这种行为的中心，你会看到，它只是时间和记忆的过程——体验并且将任何经验按照记忆进行诠释的过程；你也看到，这种以自我为中心的行动就是识别，识别就是心智的过程。

那么，心智能够从其中解放出来吗？在罕见的时刻那才是可能的：对我们大多数人来说，当我们进行某种无意识的、没有意图的、没有目的的行动时，那才可能发生。心智可能摆脱以自我为中心的行动吗？这是一个非常重要的，首先要向我们自己提出的问题；因为恰恰在问题的提出中，你会发现答案。就是说，如果你觉察到这种以自我为中心行动的整个过程，完全认识到在你意识的不同层面上它的行动，接下来你当然不得不问你自己，这种行动是否可能结束；这种行动结束就是，不按照时间去考虑，不按照“我会成为什么”“我曾经是什么”和“我现在是什么”的思想去考虑。以自我为中心行动的整个过程就是从这种思想开始的；成为什么的决心，选择和避免的决心——它们都是一种时间的过程——也是从那里开始。我们看到，在这种过程中，无尽的麻烦、痛苦、困惑、扭曲和退化正在发生。请随着我的探讨，在你的关系中，在你的心智中，觉察到它。

毫无疑问，时间的过程不是革命性的。在时间的过程中，不存在转变，只存在某种持续和无休无止。只有当你完全停止了时间的过程,即以自我为中心的行动时，才会存在新的事物，才会存在革命，才会存在转变。

在其行动中意识到“我”的这整个过程之后，心智要怎么办呢？只有采用更新，只有采用革命——不是通过进化，不是通过“我”的变成，而是通过“我”的彻底结束——才能产生新的事物。时间的过程无法带来新的事物，时间不是一种创造的途径。

我不知道你们任何人是否有过创造——不是行动，我不是在谈将某个事情付诸行动的时刻。当不存在识别时我称其为创造性的时刻；在这样的时刻，存在那种超凡的状态，在其中，“我”作为一种通过识别而产生的活动，已经停止了存在。我认为我们中有些人曾遇到过这样的时刻，可能我们大多数人都曾遇到过。如果我们是清醒的，我们会看到，在这种状态中不存在进行记忆、诠释、识别进而认同的经验者，不存在与时间相关的思想过程；在这种创造性的状态中，或者说在这种超越时间的崭新状态中，根本不存在“我”的行动。

真理不是某种遥远的事物，它就是心智的真相——心智每时每刻行动的真相。如果我们觉察到这种每时每刻的真相，觉察到这整个时间的过程，那么这种觉察就解放了意识或那种存在的能量。只要心智把意识用作以自我为中心的行动，时间以及伴随它的所有痛苦、冲突、麻烦和欺骗就出现了；而只有当心智理解了这整个过程而停止运行时，爱才会出现。你可以称之为爱或赋予它其他名字，你叫它什么名字无足轻重。

马德拉斯，第十二次公开演讲

1952 年 2 月 10 日

第三章 意识、思想和时间

只有当你以你的全部存在完全注意时，你才能看到其中的真相。

如果可以的话，我们今天上午将要做的，是去学习了解这种被称为“意识”的特别事物。要学习了解意识，显然，你必须以崭新的状态接触它。你可能读过各种书，你可能有各种观念和见解；你所读过的东西，你的见解，你按照某个人的知识——所有这些都不是“实际是什么”，都不是事实。理解某个事实，不需要见解；正相反，见解是一种障碍。而要深入探究这种意识的问题，一个人必须是自由的——没有受到任何理论或知识的束缚。

因此，对于一个想要学习的严肃认真的人来说，首要条件是，他必须自由地去探究。那意味着：不害怕；自由地去看、去观察、去批评；理智地进行怀疑，不接受各种意见。我们将要深入探究某种需要你投入全部注意力的事物，而如果你心怀某种见解和其他人说过的观念、模式或知识的话，你就无法注意。如我们前几天说的，如果你在别人的光照下行走，那种光——是谁提供的光无关紧要——会将你引向黑暗；但是，在一个人自身理解的光照下行走，只有当存在注意和安静时才会出现，并且需要极大的严肃认真。

因此，我们必须重新学习一种新的生活方式。要发现这种新的生活方式，一个人必须深入探究心智的这种状态，深入探究这种意识，以及是否可能从根本上改变这种意识的整体。我们说的“意识”意味着有意识和无意识的思想、感受和行动。而我们通常说的意识是指整个思考的过程：产生感觉的感官、模式、概念和想法，以及对某种事物存在或不存在的信仰，这一切都是在意识的领域内。并且这种意识是时间——作为持续、作为岁月、作为演化过程的时间——的结果；从考虑不周的想法到最意义深远的思考，从表面肤浅的感觉到极深的感受——那一切都意味着时间的巨大延伸；这里说的时间不仅是钟表显示的时间，而且包括在心理上，即在内心里的时间。思想就是意识，思想就是时间；这种思考的过程取用了数个世纪的经验、知识、疼痛、苦难及诸如此类的东西，所以我们能够思考。

存在有意识和无意识的思考。并且无意识和意识一样，仍然是在意识的领域内；我们为了方便而将它们分开；事实上，这样的区分是不存在的。那么，那一切都是很多世纪的经验、知识、信息、传统——远古的传统、近几年的传统或几天来的传统——技术的影响和技术知识的结果；那一切都是在意识——包括有意识和无意识——的领域内，在我们行动的领域内。而在这种领域内，存在悲伤、快乐和痛苦；存在有意识的悲伤，或内心深处未被揭示的、无法排解的悲伤。

要带来一种根本的改变，必须是在这种意识之外，即在时间之外带来根本的改变。任何在这种意识领域内的思想都和时间有关，所以我们通常说，要带来一种根本的改变，我们需要时间，我们需要某种逐渐的过程。要么我们说我们会立即改变——仍然是在意识的范围内，要么我们说在我们的来生或在未来的生活中会存在改变——还是在意识的领域内。因此，只要思想是在这种领域内运行，那么思想就根本不可能产生任何变化；它只能带来某种修改——某种持续修改的行为，某种调整——在这种领域内完全不存在彻底变化的可能性。我认为我们必须非常清楚地理解这点；因为在这种领域内，所有的行动都是有意识或无意识的思想的产物，并且那种思想产生某些价值观念，而那些价值观念都是基于追求快乐，我们所有的价值观念都是基于追求快乐，道德、伦理和所谓高贵的价值在本质上都是基于追求快乐。而只要我们是在这种领域里通过思想而运行的，以带来或试图带来某种变化，就根本不会产生变化，因为思想只会产生冲突。

请不要接受、同意或拒绝我正在说的话。请检查、观察我所说的事情，如同你在初次观察它，如果你能做到的话。归根结底，这就是聆听的艺术，难道不是吗？我们多数人根本没有聆听。你听见了，但是，聆听意味着注意；而要注意，全部的价值、意见、判断、评价和诠释都必须放到一边；只有那时你才能够聆听你的朋友、你的妻子或任何事物。所以，我们必须以同样的方式——不是依照时间、不是依照进化——去发现，怎样在人类头脑中、在人类心灵中带来一种完全的革命。

思想的整个机制是通过经验、通过知识，通过各种形式的压力、张力和影响积累记忆的。这种思想在任何情况下都不可能带来一种根本的革命。它为什么不能够呢？因为思想在本质上是基于快乐的，而存在快乐的地方就总是存在痛苦。我们所有的社会价值、道德价值和伦理价值都是基于快乐的。并且我们对神明或没有神明的信仰——信仰是一种思想的过程——仍然是寻求心理上的舒适和安全，仍然是基于快乐的，从而总是存在冲突和努力。当在意识的领域内存在行动时，因为意识是和时间相关的，所以在这个领域内的任何行动都必定产生冲突和悲伤。所以，要在一个人的内心带来一种根本的革命，这种根本的革命必须是在意识的领域之外。

人类已经生存了两百万年甚至更长的时间，但人没有解决悲伤的问题；他总是背负着悲伤。悲伤就像他的影子或伙伴一样：失去某个人的悲伤；不能满足他的野心、他的贪婪和他所需要的精力的悲伤。无法化解他的悲伤：身体疼痛的悲伤，内心焦虑的悲伤，自责的悲伤，希望然后失望的悲伤。那种悲伤一直是全人类的命运，并且他一直在试图解决这个难题——在意识的领域内结束悲伤——通过试图避免它，通过逃避悲伤，通过压抑它；通过将自身与某种比自身更伟大的东西认同；通过去喝酒、去做任何事情，以避免这种焦虑、这种痛苦、这种失望、这种巨大的孤独和对生活的厌倦。那些做法都是在作为时间产物的意识的领域内。

因此，人类总是把思想用作某种摆脱悲伤的手段：通过正确的努力、通过正确的思考、通过过有道德的生活等。对思想——利用知识及诸如此类的东西所形成的思想——的运用已经成为他的游戏。但思想是时间的产物，时间就是这种意识。在这种意识的范围内，无论你做什么，悲伤永远不会结束；无论你到庙里或者你去喝酒，两者都一样。因此，如果存在了学习和了解——一个人看到，通过思想不可能产生一种根本的变化，而只会使悲伤继续；如果一个人看到这点，那么他就能够在一个不同的维度上行动。我说的“看到”的意思，不是在知识上、在言语上看到，而是伴随着对“悲伤不能够通过思想而被终止”这个事实的一种完全的理解而看到。这不意味着你压抑思想。通过拒绝思想，思想只是否定思想，而思想仍然会存在。

看到事实，是最困难的事情之一。看到这个麦克风的事实，非常简单——它就在那里。你和我给了这种物体一个特别的名字，我们说我们都看到了这个麦克风，无论它是一个好麦克风还是坏麦克风。但是，看那棵树就变得稍微复杂一些，因为当你看那棵树时，是思想在看那棵树，而不是你的眼睛。请观察这件事情，你会亲自看到。请看一朵花。谁在看呢？你的眼睛吗？用眼睛看意味着不存在意见、思想、判断和命名，只存在看。当你说你在看一朵花时，你的心智在看，就是说，思想在看，思想在运行，所以你从来没有看到那朵花。那朵花是一个客观的事物，但如果你从内心去看一个事实——内在的事实，某个事物的真正事实，那么这件事情几乎是不可能的；因为你所有的偏见、记忆、经验、快乐和痛苦，那一切都在干扰你的观察。所以，在任何时候通过思想——思想是指思想和感受的整体——悲伤都不可能终止；在这种意识的领域里，任你怎么做，都不存在悲伤的终止。这是一个事实，因为人类从来不曾摆脱悲伤。

所以，时间和思想无法带来一种改变。而在最深远意义上的改变是绝对必要的，因为我们不能像我们现在这样，带着破碎的、狭隘的、贪婪的以及所有其他我们在数个世纪以来积累起来的愚蠢观念，连同我们的信仰、我们的仪式及所有其他绝对荒谬的事情，继续生活下去了；以那种方式生活，是因为我们不知道爱意味着什么。如果在我们的心中、在我们的心智中存在悲伤的话，我们如何能够去爱？如果存在竞争、贪婪和嫉妒的话，我们如何能够去爱？除非存在一场彻底的、不受时间影响的改变，否则我们将伴随着暴力生活。因此，如果你看到这个事实——在外在和内在两方面，时间都不会带来根本的革命，那么会发生什么事情呢？

在我们人与人之间的关系中，我们需要改变，需要一种完全的革命。在我们的心里，在我们的关系中，存在着暴力；每一个人关心他自己而不关心他人，因而行动总是产生冲突；在我们一生中，无论我们做什么，都只是带来困惑、痛苦和冲突。这是一个事实：无论这种行动是有意识的还是无意识的，它都在我们的整个存在中产生冲突，无论我们做什么；因为无意识比有意识的推理、有意识的行动更强大。请深入观察你自己，不要按照弗洛伊德或其他任何人的理论，而是实际地观察。而要观察你自己，你必须自由地去观察。如果你说“这是正确的或这是错误的，这是好的或这是坏的，我必须这样做或我必须不这样做”，那么，你就不是在意识的这种超凡领域内自由地看、观察和漫步。因此，无意识是非常强大的，它是种族、公共的仓库，因而，它比有意识的心智起更多的引导作用；并且它有其自身的动机、自身的动力和自身的目的；它通过梦及诸如此类的东西给出暗示。因此，除非存在一场根本的革命，否则人类的冲突会永远持续下去。尽管我们可以无限地延长我们身体组织的寿命，尽管我们通过自动化和电脑可以拥有闲暇，但是悲伤和冲突会一直存在下去。

那么，一个人要如何去做呢？——你理解我的问题吗？——人类会永远生活在冲突、悲伤中，永远不知道什么是完全的自由，从而永远不可能知道什么是爱吗？当我们认识到时间和思想不是结束悲伤的途径时，会发生什么呢？你知道我们说“认识到”意味着什么吗？当你认识到某条路不是通向你的家时，你会转身离开那条路，你不会坚持沿着那条路走下去。如果你坚持继续走那条不通向你家的路，那么你在精神方面就会存在某种失衡——你不是理智的，你的耳朵聋，你的眼睛看不见，所以才坚持走那条不通向你家的路。我们正在做的恰恰就是：我们坚持认为，思想、时间和进化会带我们走出这种混乱和痛苦。

那么，知道了那种行动确实会不可避免地产生悲伤，并且那种迟钝也产生丑陋等等之类的东西时，人类要怎么做呢？或者说，有可做的事情吗？——你理解我的问题吗？——我们到过庙里，我们做过冥想，我们做了我们所能做的一切，我们应用了我们的智慧，我们曾投身于某种运动——宗教或任何其他的活动；然而，仍然不存在自由，不存在悲伤的终结；存在冲突，存在持续的努力。看到这一切，一个健全、理性的人会说："这不是正确的途径，我不再沿着这条路走下去了。"只有当你非常清楚地看到那条路不是通向你的家时，你才不沿着那条路走。但要看到这点，就要学习了解"思想和感觉的整体"，即意识。也就是说，通过思考——通过产生各种行动的思想，通过那些行动，通过那些思想和感受——不存在冲突的终结，进而不存在悲伤的终结。看到这个事实——就像你看到这个麦克风的事实，就像你看到那些树的事实一样，你需要注意。当你注意时，你的整个意识是寂静的，不存在思想的干扰。那种注意就是发现和学习的途径。

那么，存在一种超越和高于这种意识的维度吗？请不要急于得出结论。一个人可能会提出这种"是否存在一个不同的维度"的问题；但是，只有当一个人理解了时间的本质时，它才不是一种理论性的问题，而成为一种现实的问题、一种根本的问题。——你理解吗？

请看，先生！沿街走走会看到上百万的人，其中会有未受教育的、落后的、迷信的及诸如此类的人。某个所谓慈悲、同情的声音说：“他们来生还有机会，他们会像你一样逐步进化的。”我们都相信这些。我们不去思考我们的生活处于混乱中，并且我们会像很多人——就像被扔掉的鱼一样——那样下到贫民区。我们说，只有少数人能够实现这种在意识之外的超凡的自由。因此，我们发明了进化，或者我们希望存在进化，即：逐渐地，人类会变得越来越自由，越来越友爱、友善、非暴力及诸如此类的状态。你容许时间的存在，那么，在知道你已年迈、你受到如此沉重的制约以至于你几乎不能够打破你的习惯——甚至最小的习惯——的情况下，你有什么希望呢？我们必须打破深深扎根的习惯，所以我们说：“它们不可能立即被打破，我们必须花时间去打破。”所以，我们说，我们来生或者下周再做——可那都是一回事，都是容许时间的存在。

那么，从这点出发，一个人必然会问：是否存在一种与时间无关的行动——一种在这个世界上，生活在今天，完全没有这些困惑、混乱、痛苦、争吵、污垢、迷信行动呢？被束缚在时间中的你和我，能够打破时间之网吗？并且是必须直接、马上做到，否则你就会抱有“进化和逐渐变化从而你会逐渐地摆脱悲伤”的希望。而通过时间，永远不会摆脱和去掉悲伤。因此，必须存在一种打破时间之网的立即的行动，而的确存在一种立即的行动。你会说：“我要怎么做呢？请告诉我做什么——练习什么，用什么方法，我怎样思考——才能打破这种巨大的时间负担？”这些问题表明，你仍然是在按照时间思考：练习意味着时间，方法意味着时间，“等待某个人告诉你怎么做”意味着时间；并且，你根据所说的话去做，仍然是在时间的领域内。所以，在时间的领域里，不存在希望，只存在失望和一直在增加的悲伤。

所以，你必须看到其中的真相——这就是冥想；我们会在另外的时间讨论它——只有当你以你的全部存在完全注意时，你才能够看到其中的真相。而如果不存在寂静，你就无法注意。只有在那种寂静——不是通过时间达到的寂静中，并且通过那种注意，才会存在悲伤的终结。那时一个人看到，存在一种完全不同的维度——不是人类从他的恐惧出发、从他的绝望出发发明出来的神明或所有愚蠢谬论的维度；存在一种不制造冲突和矛盾以及努力行动的维度。但是，除非心智理解了意识，即时间的整个领域，否则，任它怎么做，心智都无法来到那种维度。并且那种维度不是通过时间、思想，而是通过即时的觉察、即时的感知才能够得到理解的。

先生们，要观察作为意识的思想的整个运动——像江河一样流动的思想的整个运动：知识、传统、希望、绝望和焦虑的巨大负担，和思想背后的痛苦，你必须足够严肃、足够认真，并且你必须完整地——不是作为观察者和被观察之物——观察这一切。思想者就是思想，观察者就是被观察之物。如果你看一棵树，如果你看天空的美和宁静夜晚的可爱，而“你”——那种中心——持续存在，那么你就成了观察者。观察者在他自己周围制造空间，并且他在那种空间里体验可体验之物。也就是说，如果你作为一个观察者去观察，那么你一直在制造被观察之物；如果不存在他正在从其出发去观察的作为中心的“观察者”，那么就只存在事实。

请聆听那些乌鸦，请确实去听。如果你全然聆听，那么存在一个你正在从其出发去听的中心吗？你的耳朵在听：存在声音、振动及诸如此类的，但不存在一个你从其出发去听的中心；存在注意。所以，如果你完全地听，那么就不存在聆听者，只存在那个声音的事实。

要完全地听，你必须是寂静的，而那种寂静不是某种在思想中、由思想制造的事物。当你如此完全地听那只临睡前发出声音的乌鸦，以至于不存在听者时，你会看到，不存在说“我在听”的实体。

因此，思想者和思想是一种东西；没有思想就不存在思想者。并且，当不存在思想者而只存在思想时，存在一种没有思想的对思考的觉察，思想就终止了。并且如果你不是完全敏感的，那么你就无法注意。你的身体、你的神经、你的头脑、你的心灵，乃至你的一切是完全警觉的，没有被变得迟钝，那么你就会是完全敏感的；而不是“你”会发现它，你永远不会发现它——思想者，即你永远不会发现真实之物。

必须看到这个事实：存在一种不产生冲突或悲伤的行动的维度。而要发现它，要在不知不觉中——以不可思议的方式，不带着思想——邂逅它，必须从一开始就存在自由，而不是在最终才存在自由——调查、看和观察的自由，摆脱了恐惧的自由。

孟买，第三次公开演讲

1966 年 2 月 20 日

人类的问题就是你和其他人、你和我之间的关系。

没有任何一种解决方案——无论它多么聪明，无论它多么深思熟虑——能够结束人与人之间、你和我之间的冲突。

思想未曾解决我们的难题，并且我从不认为它会解决。我们曾依靠智力来向我们展示，走出我们的复杂性的道路。智力越狡猾、越可怕、越微妙，体系、理论和观念的种类就越多。而观念没有解决我们人类的任何问题；它们从来未曾解决，并且它们将永远不会解决。心智不是解决的方案，思想的道路显然不是走出我们的困难的途径。在我看来，我们应该首先理解这种思考的过程，然后也许能够走得更远；因为当思想停止时，也许我们将能够发现一条会帮助我们解决我们的问题——不仅是个人的问题，而且包括集体的问题——的道路。

思想没有解决我们的问题。聪明的人们——哲学家、学者和政治领袖——没有解决我们人类的任何问题——人类的问题就是你和其他人、你和我之间的关系。到目前为止，我们一直采用心智——智力——去帮助我们调查问题，从而希望找到某种解决方案。思想能解决我们的问题吗？难道思想——除非在实验室或在绘图板上——不总是自我保护、自我延续，并受到制约吗？难道它的行动不是以自我为中心吗？这样的思想能够解决思想本身制造的任何问题吗？心智——制造了难题的心智——能够消除它自身产生的那些事情吗？

毫无疑问，思想是一种反应。如果我问你一个问题，你对它做出反应：你按照你的记忆、你的偏见、你的教育，按照气候和你的制约的整个背景做出反应；你按照那些回答，你按照那些思考。这种背景的中心，就是在行动过程中的“我”。只要这种背景没有得到理解，只要那种思想的过程和那种制造问题的自我没有被理解和终止，我们必定在内心和在外部——在思想中、在情感中和在行动中——遇到冲突。没有任何一种解决方案——无论多么聪明，无论多么深思熟虑——能够结束人与人之间、你和我之间的冲突。认识到这点——觉察到思想如何萌发以及来自何处，那么我们就会问：“思想能够终止吗？”

这是难题之一，难道不是吗？思想能够解决我们的难题吗？通过考虑问题，你解决它了吗？任何一种难题——经济的、社会的或宗教的——曾经被思想真正地解决过吗？在你的日常生活中，你越思考一个问题，它就变得越复杂、越无法决断、越不确定。在我们实际的日常生活中，难道不是这样吗？你可能在仔细考虑问题的某些方面的过程中，更加看清其他人的观点；但思想无法看到问题的全部和整体，它只能看到一部分；而一种局部的答案不是一种完全的答案，所以，它不是一种解决方案。

我们越是考虑一个问题，我们越调查、分析和讨论它，它就变得越复杂。那么，是否可能综合地、完整地看问题呢？这如何成为可能？因为在我看来，这是我们的主要困难。我们的问题在繁殖增加，在我们的关系中存在各种骚乱，我们如何能够综合地、作为一个整体地理解这一切？显然，只有当我们能够作为整体——不是以局部的、分开的方式——看到它时，它才能得到解决。这何时成为可能？毫无疑问，只有当思考——其根源在“我”、自我中，在传统、制约、偏见、“希望进而绝望”的背景中——的过程停止时，它才是可能的。我们能否理解这种自我，不是通过分析，而是通过如实看到它，作为事实而不是作为理论觉察到它——不是寻求为了达到某种结果而消除自我，而是在行动中持续地看到自我、“我”的活动？我们能否在没有任何破坏或鼓励的行动的情况下看它？这是问题所在，不是吗？如果在我们每个人的内心，“我”这种中心以及它对权力、地位、权威、持续、自我保护的欲望不存在了，那么我们的问题毫无疑问也会终止存在。

自我是一种思想无法解决的问题，必须存在一种与思想无关的觉察：觉察到自我的行动而不带有谴责和辩护——只是觉察就足够了。

《最初和最终的自由》

一个将要睡眠的心智和一个安静心智的区别。

有意识和无意识的心智，是一堆记忆，而当心智对自己说“为了了解真相我必须摆脱记忆”时，那种想要摆脱的心愿本身，就是记忆的一部分。那是一个事实。

所以，心智不再希望变成任何事物，它只是面对“它本身是记忆”这种事实；它不希望转变，它不希望变成别的什么。当心智看到，在它自身方面的任何行动都仍然是记忆的运行，从而它不能够发现真相时，心智处于什么样的状态呢？它变得静止。当心智感觉到它的任何行动都是无用的，都是记忆或时间的一部分时，看到了这个事实它会停下来，不是吗？如果你的心智看到我所说的话的真实性，即无论它做什么都仍然是记忆的一部分，进而它无法通过行动去摆脱记忆，那么它就不行动了。当心智看到它无法沿着那条路前进时，它会停下来。所以，心智——心智的整个内容，有意识和无意识都会变得寂静。此时，心智没有了行动，它已经看到，无论它做什么都是在一条水平线（即记忆）上。所以，看到了其中的谬误，它变得安静；它没有可考虑的目标，它没有对某种结果的渴望，它绝对地安静。请看到一个将要睡眠的心智和一个安静心智的区别。在那种安静的状态中，你会发现一种庞大的运动、极度的活力，一种平静而警觉的新鲜；所有肯定的行动都停止了，心智处于一种高度智慧的状态，因为它已经通过否定式的思考——那是最高形式的思考——解决了记忆的问题。因此，心智是平静、敏捷而又静止的；它不是排除性的，它不是在集中注意力或专注，而是广泛地觉察。那时会发生什么呢？在那种觉察中不存在选择，只存在如实看到事物——红是红，蓝是蓝，没有任何扭曲；在那种和平的、无选择觉察的、警觉的状态中，你会发现，所有的语言化、所有的心理活动和思考都完全停止了；存在一种不是引入的寂静，一种心智在其中不再利用思想振奋它自己的寂静。所以，既不存在思想者，也不存在思想，既不存在经验者，也不存在被经验之物，因为经验者和被经验之物通过思想过程产生，而思想过程完全停止了；只存在一种体验的状态，在这种体验的状态中，不存在时间——所有作为昨天、今天和明天的时间完全停止了。如果你能更深入一些，你会看到，原来是时间产物的心智现在完全转变了它自己，因而没有时间；而没有时间之物是永恒的，没有时间之物是不可度量的，它无始无终，它没有原因，进而没有结果——而那没有原因之物就是真实之物。你能够在现在，而不能够通过数个世纪的练习、约束或控制，体验到那真实之物——必须是在现在，否则永远体验不到。

浦那，第七次公开演讲

1948 年 10 月 10 日

当你适当地注意并且提出正确的问题时，它会给出正确的答案。

提问者：存在没有记忆的思考吗？

克里希那穆提：换句话说，存在不使用词语的思想吗？你知道，如果你深入探究这个问题，会非常有趣。讲话者在使用思想吗？思想，像词语一样，对交流来说是非常必要的，不是吗？讲话者必须使用词语——英语词语——与懂英语的你进行交流。显然，词语来自记忆。但源头是什么？即在话语背后的是什么呢？让我换种不同的方式来表达。

有一面鼓，它发出一种音调。当蒙皮被绷得松紧适度时，你敲击它，它发出适当的音调，你可以听出来。鼓，是空的，张力适度，就像你自己的心智所能够达到的一样：当你适当地注意并且提出正确的问题时，它会给出正确的答案。答案可能是以可辨认的话语的形式存在的，但是，从这种空中产生出来的事物，肯定是一种创造。从知识中产生出来的事物是机械的；而从空、从未知，即创造性的状态中产生出来的事物，不是机械的。

伦敦，第十二次公开演讲
1961 年 5 月 28 日

没有对思想方式的觉察和体验，爱就无法存在。

思想以及它情绪化的和感受强烈的内容，都不是爱。思想必定会否定爱。思想基于记忆，而爱不是记忆。当你想念某个你爱的人时，那种思想不是爱。你可能回忆起一个朋友的习惯、风度和气质，并且想到在你与那个人的关系中快乐或不快乐的事件，而思想唤醒的那些画面不是爱。在本质上，思想恰恰是分离性的。时间和空间的感觉，分离和悲伤的感觉，都是来自思想的过程。因而只有当思想的过程停止时，才可能存在爱。

思想不可避免地产生拥有感——那种有意或无意地

培养嫉妒的占有的感觉。在存在嫉妒的地方，就不存在爱；然而对多数人来说，嫉妒被当作爱的象征。嫉妒是思想的产物，它是有关思想的情绪化内容的一种反应。当占有或被占有的感受受到阻碍时，就存在这种嫉妒取代了爱之后的空虚；正是因为思想扮演了爱的角色，所有的并发症和悲伤就都出现了。

如果你没有想到另外一个人，你会说你不爱那个人。但当你确实想到那个人时，那是爱吗？如果你没有想起一个你认为你爱的朋友，你会相当吃惊，不是吗？如果你不想念一个去世的朋友，你会认为自己不忠诚、没有爱等等。你会把这样一种状态看作无情——漠不关心，所以你会开始想念那个人，你会拥有用手或心智制作的照片和形象；但这种用头脑的东西充满你心灵的做法，没有给爱留出空间。当你与一个朋友在一起时，你不想念他；只有在他不在场的情形下，思想才开始制作逝去的画面和经验。对过去的唤醒被称为爱。因此，对我们多数人来说，爱是死亡，是一种对生活的拒绝；我们在与过去——与死去的东西——一起生活，所以我们自身是死亡的，尽管我们称之为爱。

思想的过程永远否定爱。拥有情感并发症而没有爱的，正是思想。思想是通向爱的最大障碍。思想在“实际是什么”和“应该是什么”之间制造区分，并且道德就是基于这种区分，但是道德或不道德都不了解爱。这种由思想建立起来的用以稳固社会关系的道德结构不是爱，而是像水泥一样的硬化过程。思想不会导向爱，思想无法培养爱，因为爱无法像花园中的某种植物一样被培养出来。培养爱的欲望本身恰恰是思想的行动。

如果你完全觉察，你会看到思想在你的生活中扮演了一种多么重要的角色。显然，思想拥有其自身的位置，但它与爱没有任何关系。与思想相关的事物，能够被思想理解；但与思想无关的事物，无法被心智理解和把握。那么你会问：什么是爱呢？爱是一种思想缺席的存在状态；但爱的定义本身是一种思想的过程，所以，它不是爱。

我们必须理解思想本身，而不试图通过思想去捕获爱。对思想的拒绝不会带来爱，只有当思想的深刻意义得到全面理解时，才存在从思想中解放出来的自由。因此，彻底的自我了解——而非空虚和肤浅的断言——是必要的。冥想而非重复，觉察而非定义会揭示出思想的方式；没有对思想方式的觉察和体验，爱就无法存在。

《生命的注释》第一卷

请忘记理想，觉察到你实际是什么。

像大多数人一样，你拥有理想，不是吗？而理想不是真实的，不是现实的；它是“应该是什么”，它是某种未来的东西。现在，我要说的是：请忘记理想，觉察到你实际是什么；不要追求“应该是什么”，而要理解“实际是什么”。对“你实际是什么”的理解远比对“你应该是什么”的追求重要得多。为什么呢？因为在对“你实际是什么”理解的过程中，一种自发的转变过程开始了；然而，在变成“你认为你应该是什么”的过程中，根本不存在任何变化，而只是同样的旧的事物以不同形式的一种继续。如果心智看到它是愚蠢的，努力将它的愚蠢变成智慧，即“应该是什么”，那么，这种做法是愚蠢的，它没有意义、没有真实性，它只是一种对自我投射的追求，一种对理解“实际是什么”的拖延。只要心智试图将它的愚蠢变成其他的某种东西，它就依然是愚蠢的。但如果心智说，“我认识到我是愚蠢的，因而我想要理解愚蠢是什么，所以我将深入探究它，我将观察它如何产生”，那么，恰恰是这种探究的过程会带来一种根本的转变。

《人生中不可不想的事》

理想只是一种注意力分散……

……要理解某个事物，我必须对它付出全部的注意力；而理想只是一种注意力分散，阻止我在某个给定的时间对那种感受或那种品质进行完全的注意。如果我是完全觉察的，如果我对我称为贪婪的那种品质给出我全部的注意，没有某种理想来分散注意力，那么，我不是处于理解贪婪进而消除它的境地吗？你看到，我们如此习惯于拖延，并且理想帮助我们拖延；但如果我们抛弃所有的理想——因为我们理解理想的逃避和拖延的本质——如实面对事物，直接、立即对它付出我们全部的注意，那么，无疑会存在一种转变它的可能性。

欧亥，第九次公开演讲

1949 年 8 月 13 日

理解现实，需要觉察，需要一种非常警觉、敏捷的心智。

“实际是什么”就是你实际是什么，不是你愿意是什么；它不是理想，因为理想是虚构的；而它是你每时每刻实际所做、所想和所感。“实际是什么”就是现实；而理解现实，需要觉察，需要一种非常警觉、敏捷的心智。但如果我们开始谴责“实际是什么”，如果我们开始责备或抵触它，那么我们就不会理解它的运动。如果我想要理解某个人，那么我不能谴责他，我必须观察、研究他。我必须爱我正在研究的事情本身。如果你想要了解一个儿童，你必须爱他而不是谴责他，你必须与他一起玩耍，观察他的运动、他的个性、他的行为方式；但如果你只是谴责、抵触或责备他，就不会存在对儿童的理解。同样，要理解“实际是什么”，一个人必须观察自己每时每刻在想什么、感受什么和做什么——这些就是现实。任何其他的行动——

任何理想或思想的行动——都不是现实，它只是要成为有别于“实际是什么”的某种事物的一种愿望、一种虚构的欲望。

因此，理解“实际是什么”，需要一种其中不存在认同或谴责的心智状态——那意味着一种警觉却被动的心智……

班加罗尔，第六次公开演讲

1948 年 8 月 8 日

冲突和不安能够在一段时间内被克服吗?

那么，下一个问题是：转变是否是一个时间的问题。我们多数人习惯于认为，时间对于转变来说是必要的：我是某种样子，将“我实际如何”变成“我应该如何”需要时间……当我们利用时间作为获得某种品质、某种美德或某种存在状态的一种手段时，我们只是在拖延或躲避“实际是什么”；我认为理解这点非常重要。

在我们与其他人关系的世界即社会中，贪婪或暴力引起痛苦和不安；并且，意识到了这种不安的状态，我们对自己说："我会在时间中摆脱它；我将实践非暴力；我将练习'不嫉妒'；我将实践和平。"那么，你想要实践非暴力，因为暴力是一种不安、冲突的状态，而你认为，在时间中你会获得非暴力并且克服冲突。因此，实际上正在发生什么事情呢？你处于一种冲突的状态，你想要达到一种没有冲突的状态；那么，那种没有冲突的状态是时间——某段期限——的产物吗？显然不是；因为当你在试图达到一种非暴力状态的同时，你仍然是暴力的，因而仍然处于冲突中。

所以，我们的问题是：冲突和不安能在一段时间里——无论是几天或几年——得到克服吗？当你说"我将在某个特定的时间里实践非暴力"时，发生了什么呢？实践本身就恰恰说明你是处于冲突中的，不是吗？如果你没有抵触和冲突，你就不需要实践；而你说，为了克服冲突，抵制冲突是必要的，并且你必须花时间去进行这种抵制；但恰恰这种抵制本身就是一种形式的冲突。你将你的能量花费在以你称为贪婪、嫉妒或暴力的形式存在的冲突上，而你的心智仍然处于冲突中。所以，看到依靠时间作为一种克服暴力手段的过程的荒谬，进而从这种过程中解放出来，是非常重要的。那时你就能够做真实的自己了。

班加罗尔，第六次公开演讲
1948年8月8日

当你根据时间思考时，你其实是在追求更多。

提问者：你好像质疑时间作为一种达到完美的手段的有效性，那么，你的方式是什么呢？

克里希那穆提：你看，达到完美的想法本身和达到它的方式，都意味着时间，并且在“想要知道我达到它的方式是什么”当中，提问者仍然是在按照时间思考。先生，可能根本不存在任何方式——让我们深入探究一下。

我们所说的时间是什么意思呢？不是以哲学的方式，而是以非常简单、安静和轻松的方式考虑一下。显然存在标示顺序的时间：我必须有乘火车的钟点，从这儿回我的住处的钟点，收到一封信的时间，谈话的时间，给你讲故事的时间，写诗的时间或用大理石雕刻某种形象的时间。但存在任何其他形式的时间吗？你说存在，因为存在记忆——如果我昨天有某个令人高兴的经历，它留下了一种记忆，然后我就想要更多的那种快乐。因此，“更多”就是心理意义上的时间：我必须有时间去满足、去达到、去收集、去变成；我必须有时间去缩小在“不完美的我自己”和“远处的完美状态”之间的差距，那个远处就在我的心智中；因此，在我的心智中存在空间，一种在“实际是什么”和“应该是什么”——完美的理想——之间的距离；存在一个作为“我”的固定的点和一个我称为完美、高我、神明或任你称它为什么的作为“非我”的固定点，而从这个作为“我”的固定点移动到那个作为“非我”的固定点，我需要时间。因此，心智不仅有赶火车或信守约定所必要的标示顺序的时间，而且有心理的时间——去实现和达成的时间。如果我野心勃勃，我必须花时间去达到目标，去变得有名，等等；并且我们以同样的方式思考完美——将自己划分为不完美之后，心智构思出一种完美的状态，在它自身与那种状态之间建立起距离，然后它说：“我们怎么从这里到达那里？”——你们理解吗，先生们？

我痛苦，而我认为我必须花时间去变得完美——去发现幸福；如果此生达不到，那么就在某个来生达到——但心智仍然是在时间的领域里，无论那种领域可能在多大程度上被扩大或缩小。你们所有的经典、你们所有的宗教都说，你们需要时间变得完美；并且你们必须发誓独身、守贫，为了达到那儿，你们必须抵制诱惑，你们必须约束和控制自己。因此，心智发明出时间作为达到完美、神明或真理的一种手段，并且它在那些术语中思考，因为与其同时，它可以是贪婪、野蛮的，号称它会将自己修饰干净而最终变成完美的。我说，那种方式是完全错误的，它根本不算什么方式，它只是一种逃避。一个被困在完美中、挣扎中的心智，只能构思完美是什么；而它从它的困惑、它的痛苦出发所构思的不是完美，只是一种愿望。

因此，在它成为“它认为它应该成为的那种样子”的努力中，心智不是在接近完美，它只是在逃避“实际是什么”，逃避它暴力和贪婪的事实。完美可能不是某种固定的点，它可能是某种完全不同的东西。只要心智拥有一个它从其出发运动、行动的固定的点，它必定按照时间思考；无论它设计出来的是什么——不管多么高贵，不管多么理想、多么完美——仍然是在时间的领域内；它所有关于克里希那、神明或任何其他人说过什么的推测，它所有的想象和对完美的期望，仍然是在时间的领域里，所以是绝对错误和没有价值的。带着某种固定点的心智，只能够根据其他固定的点思考，从而它在它自身和它称为完美的固定点之间制造距离。尽管你希望存在，但可能根本不存在固定的点。实际上，不存在任何固定的“你”或固定的“我”，存在吗？“我”——自我——是由很多品质、经验、制约、欲望、恐惧、爱、恨和各种面具组成的。不存在固定的点，但心智痛恨这个事实，所以，它从一个固定点移动到另一个固定点，背负着已知的重担奔向已知。

所以，当我们依照完美思考时，时间是一种幻觉。欲望含有时间的因素，感官感受含有时间的因素，但爱没有时间的因素。爱是一种存在的状态。完全地、简单地去爱，没有寻求或投射，就是不依照完美或变成完美去思考。但我们不了解这种爱，所以我们说：“我必须拥有某种其他的东西，我必须花时间达到完美。”

当你根据时间思考时，你其实是在追求更多，不是吗？你想要更多的爱、更多的善、更多的快乐，更多避免痛苦的方式、更多令人高兴和带来转瞬即逝幸福的经验；而心智要求更多，它必定含有时间的因素，它必然制造时间。这种对“更多”的需要是一种对现实的逃避。当心智说“我必须更聪明”时，这种主张本身就意味着时间。但如果心智能够在没有谴责、没有比较的情况下看待“实际是什么”，如果你能够只是观察事实，那么，在这种觉察中就不存在固定的点。就像在宇宙中不存在固定的点一样，在我们内心也不存在固定的点。但心智喜欢有某种固定的点，所以它在名声、财产、金钱、美德和关系方面，在观念、信仰和教条方面建立某种固定的点；这种点就变成了它自身发明、它自身欲望的化身。心智的完美观念，就是自身变得更和平，变得更高贵和安静。但完美不是“实际是什么”的对立面。完美就是心智的那种任何比较都停止的状态：不存在依照“更多”的思考，进而不存在奋斗。如果你能恰好知道其中的真相——如果你能够只是听，从而亲自发现它，那么你会看到，你完全从时间中解放出来了。那时，每时每刻都是在进行创造，没有瞬间的积累；因为创造就是真理，真理没有持续性。你把真理想象为在时间中是持续的，但真理不是持续的，它不是某种在时间中被认识到的永恒的事物；它不是那种东西，它是某种完全不同的东西，某种囿于时间领域的心智所无法理解的东西。你必须让昨天的一切，让所有知识、经验的积累死去，而只有那时，那不可度量的超越时间之物才会出现。

孟买，第六次公开演讲

1955年3月6日

要发现超越时间的是什么，思想必须终止。

制造时间的是心智，是思想。思想就是时间，并且无论思想投射的是什么，都必定和时间有关；所以，思想不可能超越它自己。要发现超越时间的是什么，思想必须终止——而这是一件最困难的事情，因为思想的终结不是通过约束、通过控制、通过否定或压抑而产生的。只有当我们理解思考的整个过程时，思想才能终止；而要理解思考，必须存在自我了解。思想就是自我，思想是标示自我的那个词——“我”，并且无论将自我放在任何层面，它仍然是在思想的领域内。……并且自我非常复杂；它不是在任何一个层面上，而是由很多思想、很多实体组成的，每一个思想或实体都与其他的思想或实体相矛盾。必须存在一种对它们全部的不断的觉察，一种其中没有选择、没有谴责或比较的觉察。换句话说，必须具备如实地看到事物而不扭曲或诠释它们的能力。我们一判断或诠释所看到的事物，我们就按照我们的背景扭曲它……存在就是相互关联，并且只有在关系当中，我们才能够自发地发现我们自身实际的情况。正是这种毫无谴责或认同感的、对我们真实自己的发现，彻底地扭转了我们当下的样子，而那就是智慧的开端。

西雅图，第一次公开演讲

1950 年 7 月 16 日

要从制约和占有中解放出来。

当不存在恐惧，当既不存在经验者也不存在经验时，变化就产生了；只有那时，才存在超越时间的革命。但是，只要我在试图改变“我”，只要我在试图将“实际是什么”变成其他某种东西，那种革命就不可能存在。我是所有社会和灵性强迫、劝导，以及基于占有——我的思考是基于占有——的全部制约的产物。要从那种制约、那种占有中解放出来，我对自己说：“我必须不占有，我必须实践非占有。”但这种行动仍然是在时间的领域内，它仍然是心智的行动。仅仅看到这点，不要说：“我怎样达到那种我没有占有欲的状态？”那不重要。没有占有欲不重要；重要的是去理解，试图从一种状态达到另一种状态的心智仍然是在时间的领域内运行，从而不存在革命、不存在变化。如果你能够真正理解这一点，那么你已经种下了那种彻底革命的种子，并且，那种革命的种子会起作用：你没有任何要做的事情。

孟买，第一次公开演讲

1954 年 2 月 7 日

第四章 心智的力量

存在爱的地方，不存在选择，也不存在对某种目标的寻求。

只要你在寻找转变——某种要获得的结果，就不会存在转变。只要你在依照成就——依照时间思考，就无法存在转变；因为那时心智被束缚在时间的网络中。当你说你是在按照立即的转变思考时，你就是在考虑昨天、今天和明天。这种在时间范围内的转变只是变化，变化是修改后的继续。当思想从时间中解放出来时，将会存在一种永久的转变。

只要一个问题受到考虑，那个问题就会继续存在。思想制造了问题。过去的产物——心智——无法解决问题。心智能够分析，能够检查，但它不能够解决问题。只有当思想过程终止时，问题才会停止存在。当心智连同它的理智和算计停止时，只有那时，问题才会结束。时间的产物无法带来转变；它能够并且会带来某种变化——变化是修改后的持续或某种模式的重新布置，但这样的行动不会带来自由。

我们说的“转变”意味着什么呢？它无疑是指所有问题的停止——冲突、困惑和痛苦的停止。如果你观察的话，你会看到心智像一个农民一样在耕作、播种和收获。但是，不像让土地在冬季歇息的农民，心智从来不让它自己歇息一下。就像风雨阳光更新土地一样，因此在心智的被动而警觉的歇息过程中，存在恢复——一种更新——以至于心智更新它自己，从而使问题得到解决。只有当问题被清晰、迅速地看到时，它们才能得到解决。

心智在持续地分心和逃避，因为清楚地看到一个问题，可能导致更加令人不安的行动；所以心智在不断地避免直接面对问题，那种做法只会加强问题。但是，当问题不被扭曲地、清楚地看到时，它就会停止存在。只要你从转变的角度思考，就不可能存在转变，在目前和将来都是如此。只有当每个问题都得到直接的理解时，转变才能出现。当不存在选择和对某种结果的寻求——当不存在谴责或认同时，你就能够理解它。存在爱的地方，就不存在选择以及对某种目标的寻求，也不存在谴责或认同。带来转变的就是这种爱。

孟买，第十一次公开演讲

1948 年 3 月 28 日

大部分人是懒惰的，他们宁愿接受、服从和追随。

要带来一个好的社会，人类必须改变。你和我必须发现带来心智这种彻底转变的能量、动力和活力；而如果我们没有足够的能量，这种转变是不可能的。要在我们内心带来某种变化，我们需要大量的能量；但我们通过冲突、通过抵制、通过遵循、通过接受、通过服从，浪费了我们的能量。当我们试图遵循某种模式时，它是一种能量的浪费。要保存能量，我们必须觉察我们自己是怎样把能量浪费掉了。这是一个很久远的问题，因为人类中的大部分是懒惰的，他们宁愿接受、服从和追随。如果我们认识到这种懒散、这种根深蒂固的懒惰，然后试图让头脑和心灵活跃起来，其中的热情就会再次变成一种冲突，冲突也是一种能量的浪费。

我们的难题，我们面临的很多难题之一，是怎样保存这种能量——在意识中产生某种爆发所必需的能量。这种爆发不是设计谋划出来的，不是由思想组合起来的，而是当这种能量没有被浪费时自然产生的爆发。在我们存在的任何层面、任何深度、任何形式的冲突，都是一种能量的浪费。

伦敦，第五次公开演讲

1966 年 5 月 10 日

在面对事实当中存在一种能量的释放。

为什么嫉妒和野心等等不应该被立即扫除呢？为什么会存在这种拖延——逐渐的变化和对理想主义权威的接受呢？先生们，我希望你们在随着我仔细考虑，而不是仅仅听我讲——我们接受这种渐进的过程，因为它更容易，并且拖延更令人快乐。迫在眉睫的事实给予你大量的刺激；而看到它的价值，要困难得多，并且需要更多的注意和能量。我不知道你是否意识到，在面对事实当中存在一种能量的释放，能量正是来自这种“面对事实”，它拥有带来突变的品质。而如果我们确信，通过一种逐渐的过程——通过影响、通过恐惧、通过比较的变化——是唯一的途径，那么我们就不能够面对事实；恰恰是在面对它的行动中，你会发现，在心理上存在能量的释放。

我们大部分的生命通过冲突被浪费了。我们不是面对事实而是逃避它们，寻求着各种形式的逃避。这是能量的浪费，而这种浪费的结果就是困惑。如果一个人不逃避，如果一个人不按照自身的快乐和痛苦诠释事实而只是观察，那么，这种其中不存在抵触的纯粹看的行动，就是能量的释放。

马德拉斯，第三次公开演讲

1961 年 11 月 29 日

要唤醒这种能量，心智必须没有抵触、没有动机、没有预期的目标，并且它必须没有被困在作为昨天、今天和明天的时间中。

那么，我们怎样在我们自己身上唤醒一种自身拥有动力、自身互为因和果的能量，一种没有抵触并且不退化的能量呢？一个人怎样得到它呢？有的组织提倡过各种各样的方法，说通过练习某种特定的方法，一个人会得到这种能量。但方法不能给出这种能量。某种方法的练习意味着遵循、抵制、否定、接受和调整，所以，不管一个人拥有什么样的能量，都只是在将自身耗尽。如果你看到其中的真相，你就永远不会练习任何方法。这是一回事。如果能量有某种动机——一种它朝向的目标，那么这种能量就是自我破坏性的。而对我们多数人来说，能量的确有某种动机，不是吗？我们受到一种成功欲望的推动，要变成这样或那样；所以，我们的能量打败它自己。当它在遵循过去时，能量变得渺小无力——

而这可能是我们最大的困难。过去不仅是很多的昨天，也是被积累起来的每一分钟、每一秒前事情的记忆。这种在心智中的记忆积累也破坏能量。

所以，要唤醒这种能量，心智必须没有抵触、没有动机、没有预期的目标，并且它必须没有被困在作为昨天、今天和明天的时间中。那时，能量就是在不断地更新它自己，因而不是在退化。这样一种心智信奉任何事情，它是完全自由的；只有这样一种心智才能够发现那不可名状之物——某种超越语言的非凡事物。心智必须将自己从已知中解放出来，以进入那未知的世界。

萨能，第十次公开演讲

1963 年 7 月 28 日

只有当思考的基本过程通过在关系中的觉察被揭示出来时，才能够理解并且摆脱……

不管我们喜欢与否，我们大多数人都身陷困境，因为这是我们的世界，这是我们的社会；而在关系中的觉察，是一面镜子，在其中我们能够非常清楚地看到我们自己。要看得清楚，显然必须不存在谴责、接受、辩护或认同。如果我们没有选择地、简单地觉察，那么我们不仅能够看到心智的表面反应，而且能够看到其深处隐藏的反应——它们以梦的形式出现，或者在表层心智安静下来的瞬间存在自发性的反应。但如果心智受到某种特别信仰的制约、塑造或束缚，无疑不可能存在自发性，进而不可能存在对“关系的反应”的直接感知。

看到没有人能够将我们从关系的冲突中解放出来，是非常重要的，不是吗？我们可以隐藏在言语的屏幕后面，或者追随某个导师，或者跑到教堂里，或者让我们自己沉溺于电影院或书本中，或者不停地去听演讲；

但是，只有当思考的基本过程通过在关系中的觉察被揭示出来时，我们才能够理解并且摆脱那种我们本能寻求避免的摩擦。我们多数人作为一种逃避我们自己——逃避我们自身的孤独，逃避我们自身内在的不确定和贫乏——的手段去理解关系，所以，我们依附于关系中的外在事物，它们对我们来说变得非常重要。但如果我们能够深入探究作为一种镜子的关系而不通过关系逃避，不带有任何偏见——非常清楚、准确地看到“实际是什么”，那么，恰恰那种感知带来“实际是什么”的一种转变，无须任何转变它的努力。关于一个事实，不存在任何要转变的事情；它就是它所是。但我们带着犹疑、带着恐惧、带着某种偏见去处理事实，所以，我们总是对事实采取行动，从而我们从来没有如实地觉察事实。当我们如实地看到事实时，那种事实本身就是解决问题的真相。

所以，在这一切中重要的事情不是另一个人说什么——无论他可能多么伟大或愚蠢，而是时时刻刻觉察自己、看到“实际是什么”的事实而没有任何积累。当你积累时，你无法看到事实；那时你看到积累，而没有看到事实。但是，当你能够独立地看到积累的事实，独立地看到思想过程——思想过程是积累起来的经验的反应这个事实时，超越事实是可能的。带来冲突的是对事实的逃避，但当你认识到了事实的真相时，存在一种其中没有冲突的心智的安静。

所以，任你怎么做，你都无法通过关系逃避；如果你确实逃避，你只会制造进一步的隔离、进一步的痛苦和困惑。因为利用关系作为一种自我实现的手段，是否定关系。如果我们非常清楚地观察这个问题，我们能够看到，生活是一种关系的过程；并且如果我们不是理解关系而是寻求退出关系，将我们自己封闭在想法中、在迷信中、在各种形式的嗜好中，那么这种自我封闭只会制造更多的、我们恰恰在试图避免的冲突。

纽约，第五次公开演讲

1950 年 7 月 2 日

我们的冲突存在于关系中，对这种关系的广泛、完全的理解，是每一个人面临的唯一真正的问题。

自我了解不是某种通过书本买到的东西，它也不是长期痛苦练习和约束的产物，而是对每一种思想和感觉——当它在关系中出现时——时时刻刻的觉察。关系——与财产、与其他人、与想法的关系——不是在抽象的、思想的层面上，而是一种现实。关系意味着存在，而且，因为没有任何事物能够在隔离中存在，所以存在就是相互关联。我们的冲突是在关系中，在我们生存的所有层面上；对这种关系的广泛、完全的理解，是每一个人面临的唯一真正的问题。这个问题无法拖延或逃脱掉。对它的逃避只会制造进一步的冲突和痛苦；对它的逃避只是带来草率，草率会被狡猾和野心所利用。

科隆坡，第一次广播讲话

1949 年 12 月 28 日

当我们从某个固定的点出发考虑关系时，必定存在冲突。

要理解冲突，我们必须理解关系；而对关系的理解不依靠记忆、习惯、曾经怎样或应该怎样，它依靠时时刻刻无选择的觉察，而且如果我们深入进去，我们会看到，在那种觉察中根本不存在积累的过程。一存在积累，就存在一个从其出发进行检查的点，并且这个点是受到制约的。所以，当我们从某个固定的点出发去考虑关系时，就必定存在痛苦，必定存在冲突。

西雅图，第二次公开演讲

1950 年 7 月 23 日

自我了解没有终点，它是一种持续了解的过程。

在关系的行动中理解一个人自身的整个过程，需要不断的警觉和觉察。必须存在对每一个事件的持续观察——没有选择，没有谴责或接受，带着一种冷静的感觉——以至于每个事件的真相都被揭示出来。但这种自我了解不是一种结果、一种目标。自我了解没有终点，它是一种持续了解的过程；只有当一个人客观地开始，越来越深入探究日常生活，即处于关系中的“你”和“我”的整个问题时，理解才会出现。

西雅图，第四次公开演讲

1950 年 8 月 6 日

相互关联意味着处于接触中；接触必定是某种直接的事情，而不是在两个意象之间。

提问者： 观察者、我的观察者，对于其他观察者、其他人，有什么关系呢？

克里希那穆提： 我们用“关系”这个词指的是什么？我们曾与任何人有关系吗，还是关系是在我们相互制造的关于对方的两种意象之间呢？我有关于你的某种意象，你有关于我的某种意象；我有关于你——作为我的妻子或不管什么的某种意象，而你也对我有某种意象；关系在两个意象之间，别无其他。只有当不存在意象时，拥有与另一个人的关系才是可能的。当我能够看你并且你能够看我，而都不带着记忆——侮辱及诸如此类的意象时，才会存在一种关系。但观察者的本质恰恰就是意象，难道不是吗？我的意象观察你的意象——如果观察它是可能的话——而这被称为关系。但它是一种在两个意象之间的不存在的关系，因为两者都是意象。相互关联意味着处于接触中；接触必定是某种直接的事情，而不是在两个意象之间。看另一个人而不带着我拥有的关于那个人的意象——意象是我对那个人的记忆：他曾如何侮辱我、让我高兴、给我快乐，这样或那样——需要大量的注意和一种觉察。只有当在两者之间不存在意象时，才存在一种关系。

纽约，第一次公开演讲
1966 年 9 月 26 日

一个人会制造关于自己的某种意象。

一个人拥有关于自己的某种观念、某种符号，关于自己的某种意象：一个人应该怎样，或一个人不应该怎样。为什么一个人会制造关于自己的某种意象？因为一个人从来没有实际地研究过一个人实际是什么。我们认为，我们应该这样或那样——理想、英雄或榜样。唤起愤怒的是，我们的理想——我们拥有的关于我们自身的观念——受到了攻击；而我们关于自己的观念，是我们对“我们实际是什么”这种事实的逃避。但是，当你在观察“你是什么”的真正事实时，没有人会伤害你；那时，如果一个人是个撒谎者并且被告知他是一个撒谎者，那不意味着一个人受到伤害：那是一个事实。但是，当你在装作你不是个撒谎者，而被告知你是时，你会变得愤怒——暴力。因此，我们一直生活在一种概念的世界——一种虚构的世界里，而从来没有生活在现实的世界里。要观察“实际是什么”——要看到它，确实熟悉它——必须不存在判断、评价、意见和恐惧。

巴黎，第四次公开演讲

1961 年 9 月 12 日

当我觉察到“我建立了关于我自己的某种意象”这个事实时，会发生什么？

一个人拥有的关于自己的意象通常是一个非凡的人，或者一个失败者，一个受苦受难、必须被满足、虚荣和充满野心的人——这是你知道的多数人拥有的关于自己的意象。他们认为，他们是主宰或不是主宰，他们只是外界环境，他们是这个或他们是那个。他们拥有关于自己的许多意象或一个主要的意象。如果我拥有一种关于我自己的意象，那么这种意象就会与日常生活的事实相冲突，并且除了通过这种意象的眼睛之外，我无法看到日常的事实；所以难题是由意象而不是由事实本身造成的。

…………

那么，我为什么建立关于我自己的意象呢？我看到，只要我有关于我自己的一种观念、一种意象或一种结论，问题就会存在。因此我不再关心问题、关心困难；我现在关心对“我为什么拥有关于我自己的这些意象、这些观念和这些结论”的理解。在东方，人们有那种“他们是神”的观念——他们有无数的观念。而在西方这里，你们也有你们的观念——你们的意象。那么，我们为什么要建立这些意象、这些观念呢？

请注意，我在提出问题，并且的确试图要找出答案。我们在问一种根本性的而不是肤浅的问题——我们多数人从来没有问过我们自己一种根本性的问题；而现在，这就是一个我们正在问我们自己的根本性的问题。

我已经生活了四十、五十、六十年或无论我生活的年数是多少——为什么收集了这些满仓满库的我所想、我所感、我所是、我应是等这些经验和知识的积累？如果我没那么做，会怎么样呢？如果我没有关于自己的观念，对我来说会发生什么事情？我会迷失，不是吗？我会感觉不确定，对生活非常害怕。所以我制造关于我自己的某种意象、某种神话、某种观念或某种结论，因为如果没有这种框架，对我来说生活会变得极其没有意义、没有确定性、充满恐惧——会失去安全。我可能外在是安全的——我可能有一份工作、一所房子及诸如此类的东西，并且在内心我也想彻底安全；而正是这种想要获得安全的欲望迫使我建立这种关于我自己的意象。意象是在言语上的，你理解吗？它根本不是事实，它只是一种观念、一种记忆、一种想法或一种结论。

那么，我看到上述情况是一种事实。换句话说，我觉察到了它——请和我一起前进，让我们一起探究这个问题。我知道，不论是通过有意识的努力还是无意识的，通过社会、有组织的宗教和书籍的无数的影响，我为什么建立了关于我自己的意象。我知道所有那些；我将它建立起来，我知道我为什么将它建立起来。社会要求它；并且除了社会要求之外，我想要对自己完全确信。社会助长我，并且我帮助我自己，成为那种意象、那种观念或那种结论；我觉察到了这整个过程。

那么，当我觉察到“我建立了关于我自己的某种意象”这个事实——就像我觉察饥饿一样觉察到它时，会发生什么呢？你知道，我们如此习惯于做出努力。从童年时代起我们就受到鼓励去努力和奋斗，因为我们必须比其他人更好，必须做得比我们的前辈更好。你知道，诸如此类的愚蠢把戏。我们崇拜成功，所以我们做出努力——但在这里根本不需要任何努力，因为没有需要努力的事情。你能理解吗？所以，我只是观察“有关于我自己的某种意象”这个事实。任何改变、鼓励或者消除那种意象的努力都是去遵循我拥有的另外一种关于我自己的意象——这点清楚了吗？如果我努力减少或摧毁当前的意象，那种努力仍然是从我制造的另外一种关于我自己的意象发出来的，它说当前的意象必须不存在。

因此心智觉察到，它制造了一种关于它自身的意象；并且，试图驱散、分解这种意象或对它做任何事情，仍然是来自更深层的，说“我必须不制造意象”的另外一种意象；任何要改变当前意象的努力都是来自一种更深层的意象、一种更深层的结论。我看到事情确实如此。所以，心智不做出任何努力去消除那种意象。

因此心智完全觉察到了那种意象而不带有任何期望，不带有任何努力，不带有任何改变；它只是觉察到它，只是看着它。我看着那个麦克风，我不会对它做任何事情。它就在那里，它被组合起来。同样，头脑不带有任何形式的努力看着自己拥有的关于自己的那种意象、那种结论，而这就是真正的注意。在这种观察中，你会发现存在巨大的纪律——不是那种愚蠢的有所遵循的纪律——因为不存在任何改变它的努力。心智本身就是那种意象——不是心智和意象，而是心智就是意象。在心智方面任何将自身与那种意象认同或要消除它的活动，都是另一种意象制造或推动的。因此心智完全觉察到，它本身就是那种意象的制造者。

如果你真正地看到了这个事实，那么意象就完全失去了它的意义。此时心智就有能力处理出现的任何问题和危机，而不带着它试图从其出发进行应对的意象预设的结论。现在心智清除了所有的意象，因而它没有静止的位置——没有它据以观察的平台，没有信仰，没有教条，没有据以解决问题的作为知识的经验。所以心智现在能完全地面对任何出现的问题，并且不将其作为问题来对待。只有当存在冲突时问题才存在，而在这里不存在冲突；我没有意象——没有中心，没有我据以观察的结论，所以不存在冲突，进而不存在问题。

提问者：如果我们没有关于自己的意象，那么我什么都不是。

克里希那穆提：但不管如何，你是任何事物吗？（笑声）请不要笑，这是相当严肃的。你本身是任何事物吗？剥去你的名声、头衔、金钱、地位，你能写本书并受到恭维——然后你是什么？为什么不认识到并成为那种“我什么都不是”？你看到，我们有一种“‘什么都不是’是什么”的意象，而且我们不喜欢这种意象；但当你没有意象时，“什么都不是”的真正事实可能是截然不同的——并且它确实截然不同。它不是一个可以按照“什么都不是”或“是什么”去实现的状态。当不存在关于你自己的意象时，情况是完全不同的。而不拥有关于你自己的意象，需要巨大的注意、巨大的认真。活着的是那些注意的人、那些认真的人，而不是那些拥有关于他们自己的意象的人。

萨能，第二次公开演讲

1965年7月13日

只有一个保留着伤害和侮辱的记忆的心智，才乐于原谅。

思想——请仔细听——思想考虑某个事情：思想将自身划分为观察者、感受者或经验者，以及要被经验的事物；思想在将自身分成观察者和被观察之物的情况下，显然带来某种冲突；这时思想说，“我必须克服冲突”，因而发明了纪律、抵制和各种形式的狡猾的逃避。我们看到，思想的起源是快乐：我们所有的行动，我们所有的价值观念——道德的、伦理的和宗教的价值观念——都是基于快乐。只要存在这种思想制造的二元性——作为将要从被观察之物中获得快乐的观察者，只要思想是在以那种方式运行，就总是会存在冲突，从而根本不存在彻底的革命。

这点相当清楚了吗？不，不是说我的解释！某个人可能会给你们一种更好的解释；我们不关心解释，我们关心看到“实际是什么”，即事实——我昨天在乡村有过一场日落的美丽经验——被太阳衬托着的树，影子的可爱，那种深度，那种美——我从中获得了巨大的快乐。思想回想它——我必须明天还回那儿，或者保持那种记忆。我保持它，因为我的生活是如此卑劣、如此乏味、如此无聊、如此例行公事，以至于我被昨天看到的美迷住了。我曾听过某种声音、音乐或一首诗，我曾看过一幅画。我回想它，我被它迷住了并且我想要更多的它。我看到一张漂亮的脸庞，我想要伴随着它生活。思想是在伴随着快乐运行的，存在观察者、思想者，并且存在思想，思想就是快乐。思想者是在快乐的基础上被建立起来的，“我想要这个而我不想要那个”“那是好的”，在本质上都意味着快乐的存在。只要存在这种观察者与被观察之物的区分，就不可能存在意识的根本突变。

不带有思想去观察，是可能的吗？我带着意象、带着某种符号、带着记忆、带着知识看一切事物；我带着思想建立起来的意象看我的朋友、我的妻子、我的邻居和我的老板；我带着我拥有的关于她的意象看我的妻子，并且她带着她拥有的关于我的意象看我——关系是在这两种意象之间；这是一种事实，它不是我的某种发明。事实是：思想建立了这些符号、意象和观念。首先，我能看一棵树、一朵花、天空或云彩而不带有任何意象吗？关于树的意象就是我学到的，给树某个特定名字、辨别它的种类并唤起它的美的词语。我能够看那棵树、那朵云、那朵花而不带有思想、不带有意象吗？那是相当容易做的，如果你曾经做过的话。但是，我能够看——不带有意象——一个与我关系亲密的，我当作妻子或孩子的人吗？如果我不能的话，就不存在真正的关系：唯一的关系是在我们两个人都拥有的意象之间。因此，我能够看生活——云彩，星斗，树木，河流，飞翔的鸟儿，我的妻子，我的孩子，我的邻居，这整个的地球。我能够看这一切而不带有意象吗？尽管你曾侮辱过我。尽管你曾伤害过我，尽管你曾说过我的坏话或称赞过我，我能够看你而不带有你曾对我做过或说过的事情的意象或记忆吗？

请务必看到其中的重要性，因为只有一个保留着伤害和侮辱的记忆的心智才乐于原谅，如果它完全倾向于那种方式的话；一个没有储存起它所受到的侮辱或恭维的心智，没有要原谅或不原谅的东西，所以不存在冲突。思想制造了这些意象，在内在和外在两方面。这些意象能够结束，从而思想能够重新看待生活中的一切吗？如果你能够做到这点，你会发现，在没有你有意改变的努力的情况下，一种彻底的改变已经发生了。大多数人是野心勃勃的，他们想要成为有名的人：作家、画家、商人或政治家；牧师想要成为大主教。思想制造了这种社会，并且看到变成某种有权力的、支配的重要人物的利益好处，而只有通过野心，那才能够发生。思想通过观察有权势的人建立了意象，并因而想要“拥有一座大房子”“让自己的照片出现在报纸上”，以及诸如此类的快乐。

一个人能够生活在这个世界上而没有野心——没有思想制造的快乐的意象吗？一个人能够在技术方面、在外在方面发挥作用而不受野心的毒害吗？只有当我们理解了思想的起源，并且确实理解了在观察者和被观察之物之间的区分的不真实时，才可能做到。那时我们能够前行，因为那时美德拥有了一种完全不同的意义：它不是一种丑陋、腐败社会的道德，而是作为秩序的美德。美德，就像谦逊一样，不是某种要由思想培养的事物。思想不是有道德的，它是贪图享受的、琐碎的，因而思想不可能理解爱、美德或者谦逊。

巴黎，第二次公开演讲

1966年5月19日

当你觉察到你贪婪、暴力和嫉妒时，会发生什么？

当一个人有某种感受时，这种感受能够不被命名，并且被纯粹当作一个事实看待吗？

提问者：你曾提出，唯独通过觉察，转变才是可能的。你说的觉察是什么意思？

克里希那穆提：先生，这是一个非常复杂的问题，但如果你愿意倾听，并且耐心地从头至尾、一步一步地理解的话，我会尽力描述什么是觉察。听，不仅是理解我正在描述的事情，而且是实际地体验正在被描述的事情；这意味着，当我描述它时，观察你自己心智的运行。如果你仅仅理解正在被描述的事情，那么你不是在觉察、观察你自己的心智。仅仅理解某种描述，就像在读一本导游手册的同时，风景飘忽而过，没有被观察到。但是，如果在听的同时，你观察你自己的心智，那么描述就会具有意义，你会亲自发现觉察意味着什么。

我们说的“觉察”这个词指的是什么呢？让我们从简单的层面开始。你觉察到正在发生的声音，你觉察到汽车、鸟儿、树木、电灯，坐在你周围的人，静止的天空，令人窒息的空气。你觉察到那一切，不是吗？那么，当你听到一种声音或一首歌，或看到一辆正在被推的手推车等等时，你所听到或观察到的，受到心智的诠释和判断——这就是你正在做的事情，不是吗？请慢慢地理解这一点。每一个经验、每一个反应都按照你的背景——按照你的记忆——得到诠释。如果存在一种你第一次听到的声音，你不会知道它是什么；但你以前曾很多次听到那种声音，所以你的心智立即诠释它，这就是我们所谓的思考的过程；你对某种特别声音的反应是“一辆手推车在被推动”的想法，这是一种形式的觉察。你觉察到颜色，你觉察到不同的脸庞，不同的态度、表情、偏见等等。而如果你是完全警觉的，你也觉察到你怎样不仅在表面上而且在内心深处对这些事情做出反应：在你存在的不同层面上，你拥有特定的价值、理想、动机和迫切要求；而意识到那一切，是觉察的一部分。你判断什么是好的和什么是坏的，什么是对的和什么是错的；你按照你的背景，即按照你所受的教育和你在其中被养育的文化去谴责和评价。看到这一切，是部分的觉察，不是吗?

那么，让我们再深入一些。当你觉察到你贪婪、暴力和嫉妒时，会发生什么?——让我们拿嫉妒为例，将这一件事情追究到底。你觉察到你嫉妒吗?请随着我一步一步地前进，并且牢记你不是在沿着某种模式前进;如果你将它变成一种模式，你会失去整个事情的意义。我在展开觉察的过程，但如果你只是记住所描述的东西，你将只是在原地踏步；然而，如果你开始看到你的制约，即当我继续解释时，觉察到你自己心智的运转，那么你会来到可能产生某种实际转变的那个点上。

因此，你不仅觉察到外在的事物和你对它们的诠释，而且你开始觉察到你的嫉妒。那么，当你觉察到你自身的嫉妒时，会发生什么?你谴责它，难道不是吗?你说，它是错误的，你必须不嫉妒，你必须爱——这些都是理想。事实是“你是嫉妒的”，与其同时理想是“你应该如何”。在追求理想当中，你制造出一种二元性，所以存在一种不断的冲突，你被困在那种冲突中。

当我在描述这种过程时，你觉察到只存在一件事情，即“你是嫉妒的”这个事实吗?其他的事情——理想——是荒谬的，它不是事实。而心智摆脱理想是非常困难的。因为以传统的方式，通过数个世纪的某种特定文化，我们被教育去接受英雄、榜样和完人的理想并为之奋斗。那就是我们被训练去做的事情。我们想要将嫉妒变成不嫉妒，但我们从来没有找到怎样改变它，所以我们被困在不断的冲突中。

那么，当心智觉察到它嫉妒时，“嫉妒”这个词本身就是谴责性的——你们理解吗，先生们？——对那种感受的命名本身就是谴责性的。但心智在词语之外无法思考。就是说，一种感受出现，某个词语被认同于这种感受，所以感受永远依靠词语；一存在某种像嫉妒这样的感受，就存在命名；所以，你总是用一种旧的想法——一种积累起来的传统——去处理一种新的感受。感受总是新的，而它总是被按照旧的东西进行诠释。

那么，心智能否不命名一种像嫉妒这样的感受，而重新面对它呢？对那种感受的命名，恰恰是使它变成旧的——抓住它并将它放到旧的框架中。而心智能否不命名一种感受，即不通过给它一个称呼诠释它，进而要么谴责它要么接受它，而只是作为一个事实，观察这种感受呢？

先生，请用你自己进行试验，然后你会看到，心智不语言化——不给一个事实命名是多么的困难。就是说，当一个人有了某种感受时，这种感受能够不被命名，并且被纯粹当作一个事实看待吗？如果你有某种感受并且能够真正将它追究到底而不给它命名，那么你会发现，某种非常奇怪的事情发生在你身上。在目前，心智处理某个事实，带着某种意见，带着某种评价，带着判断，带着拒绝或接受——这是你正在做的事情。存在某种感受，那是一个事实；而心智处理这个事实用某种术语、用某种意见、用判断，带着某种谴责的态度。那些都是死的东西。它们没有价值，它们只是在事实身上运作的记忆。心智用一种死亡的记忆处理事实，所以事实无法在心智上运行。但如果心智只是观察事实而没有评价，没有判断、谴责、接受或认同，那么你会发现，事实本身拥有某种异常的活力，因为它是新的。新的东西能够消除旧的东西；所以，不存在要成为“不嫉妒”的挣扎，存在嫉妒的完全停止。拥有活力的是事实，而不是你关于事实的判断和意见。将事情从头至尾完全地考虑透彻，就是觉察的整个过程。

孟买，第八次公开演讲

1956 年 3 月 28 日

从寂静出发，意味着没有中心，没有制造思想反应的词语。

我能否不带着词语看任何问题——恐惧的问题、快乐的问题等等呢？因为词语制造或者说产生思想，而思想是记忆、经验和快乐，进而是某种扭曲的因素。

这实在是非常惊人的简单。正因为它简单，所以我们怀疑它。我们希望一切事情都变得非常复杂、非常巧妙；而所有的巧妙都被笼罩着某种言语的气味。如果一个人以非言语的方式看一朵花——我能够做到；任何人都能做到，如果一个人给予足够注意的话——难道我不能够同样用那种客观的、非言语的注意看待我面临的难题吗？难道我不能够从寂静——寂静是非言语的，不带有快乐和时间正在运作的思考机制——出发去看吗？难道我不能够只是看吗？我认为这是整个事情的关键：不是从外围去接近——那只会将生活搞得非常复杂——而是去看生活，连同它复杂的生计、性、死亡、痛苦、悲伤和极其孤独痛苦的难题，看待这一切而不带有联想，从寂静出发去看。从寂静出发，意味着没有中心，没有制造思想——思想就是记忆，进而就是时间——反应的词语。我认为这是真正的难题、真正的问题：心智能否以直接行动——不是先有某种想法，然后才行动——的方式观察生活，并且完全消除冲突。

提问者： 你的意思是：你能够以与“你看一朵花而不利用它”同样的方式看某个事物吗？那就是你当时心里想的吗？

克里希那穆提： 先生，你看一朵花，真正地看它——在它的后面不存在思想；你在以非植物学的方式、非推测性的方式看它；你不将它分类，你只是看。你曾这样做过吗？

提问者： 难道心智不进入吗？

克里希那穆提： 等一下，等一下。不，请不要谈论心智。那更复杂一些。请从花朵开始。当你看一朵花时，不要让思想干涉；接下来看，你是否能够以同样的方式看你的妻子、邻居或国家。如果不能够，一个人会问：“存在某种我能够借以训练我的心智不带着思想的干涉去看的方法和体系吗？”——事情就变得太可笑了——事实是，我们确实看一朵花而没有作为记忆或作为快乐的思想的干涉；以同样的方式，能够存在对发生在我们内心和我们外部的一切事物——我们采用的词语、姿态、想法、观念，自我认同的记忆，我们拥有的关于我们自己和其他人的意象的观察吗？只有当存在一种对外在事物的观察——当一个人看一朵云、一棵树——而不带有词语的干涉时，非常广泛的觉察才是可能的。

提问者：它不仅是词语和联想的干扰，还有联想的迅速。

克里希那穆提：是的，先生，联想的迅速；所以，你不是在看。如果我想要看你或看云彩，或看我的妻子，我必须看并且不允许联想干涉；但是词语——联想——迅速地干涉，因为在它后面存在快乐的支持。请务必看到这点，先生们；它如此简单。一旦我们清楚地理解了这个事情，我们就会有能力看。

提问者：你说我们应该不带着思想、不带着情绪看花朵，并且如果一个人能够做到那点，就会获得巨大的能量。当我们使用这个词时，这种能量是思想和感受。

我不知道你是否愿意澄清这点。

克里希那穆提：啊，你看，先生，我故意说思想就是感受。不存在没有思想的感受，而在背后支持思想的是快乐，所以，那些事物——快乐、词语、思想和感情——一起同行，它们不是分开的。不带有思想、不带有感情、不带有词语的观察，就是能量。能量被词语、联想、思想、快乐和时间消耗掉了，所以就不存在看的能量。

提问者：如果你看到这点，那么思想就不是一种分心。

克里希那穆提：那么思想就会不进入其中。先生，不是分心的问题。我想要理解它：为什么思想会干涉呢？为什么我所有的偏见会干涉我的看、我的理解？思想干涉就是类似“因为我害怕你，你可能得到我的工作”等等很多种不同的事情。这就是为什么一个人必须首先看一朵花、一朵云彩。如果我能够看一朵云彩，不带有任何词语，不带有任何迅速进来的联想，那么我就能够看我自己，看我的整个生活连同其所有的问题。你可能会说：“就这样吗？难道你不是将它过分简单化了吗？”我不这样认为，因为事实从来不制造问题。我害怕的事实没有制造任何问题，但是，说“我必须不害怕”的思想带来时间并且制造幻觉——是这种思想制造了问题，而不是事实。

伦敦，第六次公开对话

1965 年 5 月 9 日

心智能够将被称为妒忌的感受与词语脱离开来吗?

这是一个非常复杂的过程，但是，如果你们愿意聆听的话，我肯定你们会明白它的意义。让我们打个比方，我贪婪、妒忌，并且我想要完全地理解这种妒忌，而不是仅仅摆脱它。我们大多数人想要摆脱它，并且尝试了各种方法，为了各种各样的原因；但我们从来没有摆脱它，它一直在无限期地继续发生。但如果我真正想要理解它，完全深入它的根本，那么无疑，我必须不谴责它。我感觉，“妒忌”这个词含有一种谴责的意味，所以，心智能够将被称为妒忌的感受与词语脱离开来吗？因为命名本身——给那种感受一种“妒忌”的名称——我恰恰用这个词语谴责了它，不是吗？整个心理和宗教的谴责意义，与“妒忌”这个词语联系在一起。因此，我能够将感受与词语脱离开来吗？如果心智能够不将感受与词语联系起来，那么存在一种实体——一个“我”——在观察感受吗？毫无疑问,观察者就是联想，就是词语，就是正在谴责它的实体。

让我们再稍微更多地深入这一点。如果我可以建议的话，请观察正在运行中的你自己的心智；不要仅仅在知识上、在言语上听我讲，而要检查你所熟悉的妒忌或暴力的任何特别感受，与我一起深入它。

让我们假设说：我妒忌别人。对这个事情的平常的反应是，要么为它辩护要么谴责它。当我对自己说，“我不是真正地妒忌；我想要成名的欲望是文化的一部分，我所在社会的一部分；没有它我就只会是个无名小卒”，这时我是在辩护。我谴责它，因为我感觉它不是灵性的，或者因为无论什么可能存在的理由。因此，我处理这种我称为妒忌的感受，要么为它辩护，要么谴责它。现在，如果我两者都不做——那是极端困难的，因为它意味着我必须将心智从我所有过去的，我在其中被养育长大的文化的制约中解放出来——如果心智从那些中被解放了出来，那么心智也必须摆脱词语的束缚，因为“妒忌”这个词本身就意味着谴责。你理解吗？因此我的心智是由词语、符号和观念构成的，那些符号、观念和词语就是“我”。而当不存在语言化，当所有与“我”——“我”的本质恰恰是妒忌——相联系的一切都停止时，还会存在一种妒忌的感受吗？因此，当那种“我”不存在时，妒忌还会被体验到吗？因为那种“我” 的本质恰恰就是谴责、语言化和比较。

要将某种想法完全揣摩透，深入它的根本，必须存在一种觉察，在这种觉察中不存在任何诸如谴责、辩护等等的感觉，也不存在任何试图克服某种难题的感觉；因为如果我只是在试图解决某种难题的话，那么我的注意力就集中在它的解决方法上，而不是集中在对难题的理解上。难题就是我思考的方式、我行动的方式；如果我谴责我存在的方式，那显然会阻碍进一步的调查。如果我说，“我必须不这样，我必须那样”，那么就不存在对“我”——“我”的本质恰恰就是妒忌和占有——的运行方式的理解。问题是：

我能够如此深入地觉察而没有任何谴责或比较的感觉吗？因为只有那时，完全揣摩透一种想法才是可能的。

伦敦，第六次公开演讲

1955年6月26日

对我们大多数人来说，嫉妒已经成为一种习惯。

我有某种感受，然后我给它起一个名字。我给它命名，因为我想要知道它是什么；我称它为“嫉妒”，而这个词是我过去记忆的产物。感受本身是某种新的东西，它突然、自发地出现，但我已经通过给它命名认出了它，我认为我已经理解了它，但我只是加强了它。所以，发生了什么事情呢？词语已经干涉了我对事实的观察。

我认为，通过将它称为“嫉妒”我已经理解了那种感受；然而，我只是将它放进了带着所有旧的印象、解释、谴责和辩护的词语和记忆的框架中。但那种感受本身是新的，它不是某种昨天的事情；只有当我给它命名时它才变成了某种昨天的事情。如果我看它而不给它命名，就不存在我从其出发去看的中心——请看到这一点；你在像我一样努力思考着吗？

我说的是，你一给那种感受命名和贴标签，你就已经将它带入了旧的框架，而旧的东西就是观察者——由词语、观念和关于"什么是对的、什么是错的"的意见构成的分开的实体。因此，理解命名的过程和看到"嫉妒"这个词如何即刻地出现，是非常重要的。但是，如果你不给那种感觉命名——这需要巨大的觉察，大量直接的理解，那么你会发现，不存在观察者，不存在思想者，不存在你从其出发进行判断的中心；并且，你与感受不是不同的——不存在正在感受它的"你"。

对我们多数人来说，嫉妒已经成为一种习惯，就像任何其他习惯一样，它继续存在。打破习惯，就是仅仅觉察到习惯——请注意听明白这点，不要说"有这种习惯真可怕，我必须改变它，我必须摆脱它"等等，而只是觉察到它。觉察到某种习惯，不要去谴责它，而是仅仅观察它。你知道，当你爱某个事物时，你观察它；只有当你不爱它时，"怎样摆脱它"的问题才会出现。

当我在关于我们称为“嫉妒”的感受这个问题上使用“爱”这个词时，我希望你们明白我的意思——爱“嫉妒”，是不去否定或谴责那种感受；那时在感受和观察者之间不存在分别。在这种完全觉察的状态中，如果你不带着词语非常深入地探究它，你会发现，你已经完全消除了在习惯上被认同为“嫉妒”这个词的那种感受。

萨能，第四次公开演讲
1962 年 7 月 29 日

随便地观察某个偶尔出现的想法，不会带来任何结果。

那么，观察——比方说，对野心的运动的观察——意味着什么？我把野心当作我们生活中丑陋的事情之一，尽管你们有些人可能称它为美好的事物。观察野心的结构和构造意味着什么呢？不意味着词语，因为词语不是事物本身；词语“树”不是树的本身。你可能说：

“是的，就是如此。”但在心理上，当我们在我们自己身上观察野心时，我们立即将我们自己认同于那种状态、那个词语，进而将我们束缚在其中。看到词语“树”不是树本身，这很简单；但要在一个人自己内心观察——不带有词语地观察——那种被称为野心的非常状态，完全是另一回事。通过社会和你所生存的环境，通过你所受的教育，通过教堂，通过无数世纪人类积极努力去成就、去领先、去杀戮及诸如此类的东西，那种状态变成了你、你的思想和你的存在本身的组成部分。并且，至关重要的是，在你自己内心观察那种状态，不仅是现在——当我们在谈论它时——观察它，而且当你到办公室工作，当你在报纸上读到对某个英雄或成功人物的赞扬时，也要去观察它。如果你观察它而不给它命名，你会看到它不是一种静止的事物，而是一种不与词语认同，进而不与名字、不与“你”认同的运动。如果你带着热情、带着某种敏捷观察它，你会超越野心；它会失去它的意义，而你能够完全处于行动中。但是，在一个人自己内心观察这种状态，看思考的过程而不带有一种观察者——不带有一种正在观察的思想者——是极其艰难的。

观察意味着没有知识的积累，即使知识在某个层面上显然是必要的，如作为一名医生的知识，作为一位科学家的知识，历史和所有曾经存在的事物的知识。归根结底，知识就是关于曾经存在的事物的信息。不存在明天的知识，只存在对诸如明天可能发生什么的推测，这是基于你的曾经存在的知识。一个利用知识进行观察的心智，没有能力敏捷地跟踪思想的流动。只有通过没有知识过滤的观察，你才能开始看到你自身思考的整个结构。并且当你观察——不是谴责或接受，而仅仅是观察时，你会发现思想结束了。随便地观察某个偶然出现的想法，不会带来任何结果；但如果你观察思考的过程而不变成有别于被观察之物的观察者——如果你看到整个思想的运动而没有接受或谴责它，那么，那种观察本身就会立即终止思想，进而使心智变得慈悲，处于一种持续突变的状态。

萨能，第四次公开演讲

1963 年 7 月 14 日

无选择地觉察到一个事实是否是可能的，那个事实就是恐惧。

请务必听明白这点，它并不复杂。它需要注意，而注意有它自身的纪律，你无须引入某种纪律体系。先生们，你们知道，这个世界需要的不是政治家或更多的工程师，而是自由的人类。工程师和科学家也许是必要的，但在我看来，世界需要的是自由的、富有创造性的、没有恐惧的人类。我们大多数人背负着恐惧的重担。如果你能够深入恐惧的根本，并且真正地理解它，你会纯真无染地解脱出来，以至于你的心智是清明的。这正是我们需要的。这就是为什么说理解“如何看一个事实、如何看你的恐惧”非常重要。这就是整个问题所在——不是怎样摆脱恐惧，不是怎样变得有勇气，不是对恐惧做些什么，而是完全地与事实共处。

先生们，你们想要完全地、整个地与快乐共舞，难道不是吗？而你就是在共舞。当你处于快乐的时刻，不存在谴责、辩护和否定；在体验快乐的时刻，不存在时间的因素，在身体上、在感官上你的整个存在与它一起振动。难道不是这样吗？当你处于体验的时刻，不存在时间，当你强烈愤怒或当你情欲高涨时，不存在时间。不是吗？只有在体验之后，时间才进入，思想才进入，那时你们说“天啊，多么美妙”或者“多么可怕”。如果它是好的，你就想要更多；而如果它是可怕的、令人恐惧的，你就想要避免它。所以，你开始解释、辩护或谴责；而这些都是时间的因素，它们阻止你看到事实。

那么，你曾经面对过恐惧吗？请仔细地聆听问题：你曾经观察过恐惧吗？或者，在觉察到恐惧的时刻，你已经处于一种逃离事实的状态吗？我将稍微更深入这个事情，你会明白我说的意思。

我们给我们各种各样的感受命名，难道不是吗？在说“我愤怒”时，我们对某种特别的感受给出了一个术语——一个名字或一个标签。那么，请非常清楚地观察你自己的心智：当你有了某种感受时，你给那种感受命名，你称它为愤怒、情欲、爱或快乐，难道不是吗？而这种对感受的命名是一种思考的过程，它阻止你看事实，即感受。

你知道，当你看到一只鸟儿，并且对你自己说它是一只鹦鹉、一只鸽子或一只乌鸦时，你不是在看那只鸟。你已经停止了看事实，因为词语“鹦鹉”“鸽子”或“乌鸦”已经挡在你和事实之间。

这不是某种难以达到的智力成就，而是一种必须得到理解的心智过程。如果你愿意深入恐惧的问题、权威的问题、快乐的问题或爱的问题，那么你必须看到，命名和贴标签阻止你看到事实。你理解吗？

你看到一朵花，并且你称它为玫瑰，而你一旦这样给它命名，你的心智就被转移了，你就不是在对那朵花给予你全部的注意。因此，命名——语言化，符号化——阻止对事实的全面注意。对吧，先生们？我们继续我们在开头谈的：我们仍然在问我们自己，无选择地觉察到一个事实是否是可能的，那个事实就是恐惧。

那么，心智——心智沉溺于符号，并且它的本质恰恰就是言语化——能够停止言语化并且看到事实吗？请不要说：“我怎样去做呢？”请只是将问题提给你自己。我有某种感受，我称它为恐惧；通过给它命名，我已经将它与过去联系起来了。所以，记忆、词语和符号正在阻止我看事实。那么，心智——恰恰在其思想的过程中，心智进行言语化和给出名字——能够看事实而不给它命名吗？你们理解吗？先生们，你们必须亲自找出答案，我无法告诉你们；如果我告诉你们，然后你们去做，你们就只是在跟从，你们是不会摆脱恐惧的；重要的是，你们应该完全摆脱恐惧，而不是做个半死不活、腐败而痛苦的人，永远害怕自身的阴影。

要理解这种恐惧的问题，你必须深入它的最根本；因为恐惧不只是在心智的表面，恐惧不只是害怕你的邻居或失去工作，它比那更深；因而，理解它要求深刻的洞察。要深刻地洞察，你需要一个非常敏锐的头脑，而仅仅通过辩论或逃避，心智不会变得敏锐。一个人必须一步一步地深入问题，而这就是为什么“理解这整个命名的过程”非常重要。当你通过称他们为穆斯林或任何你想给予的名字而给整个一群人命名时，你已经排除掉了他们，你不必将他们当作个体来看待了。所以，名字和词语已经阻止你成为一个与其他人类相关的人类。同样，当你给某种感受命名时，你不是在观察感受，你不是在完全地与事实共处。

先生们，你们看，存在恐惧的地方就不存在爱；存在恐惧的地方，任你怎么做——走遍世界上所有的庙宇，追随所有的上师，每天重复《薄伽梵歌》——你永远不会发现真实，你永远不会幸福，你会始终停留在作为不成熟的人存在的层面。问题是理解恐惧，不是怎样摆脱恐惧。如果你仅仅想摆脱恐惧，那么吃一片儿会使你镇静的药，然后入睡。存在无数的逃避恐惧的方式，但是，如果你逃避或逃跑，恐惧会永远跟随着你。要从根本上摆脱恐惧，你必须理解这种命名的过程，并且认识到，词语永远不是事物本身。心智必须能够将词语与感受分开，必须不让词语干涉对感受——即事实——的直接感知。

当你已经走得非常远，有非常深刻的洞察时，你会发现，在无意识中、在心智昏暗模糊的深处埋藏着一种完全孤独、隔离的感觉，那就是恐惧的根本原因。如果你逃避它，说着“它太可怕了”；如果你不以不命名的方式深入探究它，那么你永远不会超越它。心智必须直接地面对“内心完全孤独”这一事实，并且不允许它自己对这种事实做任何事情。这种被称为孤独的非凡事物，正是自我——“我”连同它所有的欺骗、狡猾、替代和心智被困在其中的言语网络——的本质。只有当心智能够超越这种根本的孤独时，才存在自由——从恐惧中解放出来的绝对的自由。并且只有那时，你才会亲自发现什么是真实——那种无始无终、不可度量的能量。只要心智在依照时间大量产生它自身的恐惧，它就没有能力理解那超越时间之物。

新德里，第四次公开演讲

1960年2月24日

单纯的心智没有恐惧。

摆脱恐惧的自由来源于——并且我向你保证，这种自由是完全的——在没有言语、不试图拒绝或逃避恐惧、不想要处于某种其他状态的情况下，觉察到恐惧。如果带着完全的注意，你觉察到存在恐惧的事实，那么你会发现，观察者和被观察之物是一种事物，它们之间不存在区分；不存在说“我害怕”的观察者，只存在恐惧，没有表示那种状态的词语。心智不再逃避，不再寻求摆脱恐惧，不再试图找出原因，从而它不再是词语的奴隶。

只存在一种学习的运动，这种运动是“单纯”的产物，单纯的心智没有恐惧。

萨能，第六次公开演讲

1962 年 8 月 2 日

第五章 冥想与安静的心智

在观察、感觉和真正慈悲的热情中，爱有其自身的行动，这种行动不是充满矛盾的欲望的行动。

提问者：当我受到欲望的折磨时，我怎样才能敏感？

克里希那穆提：我们为什么受到欲望的折磨？我们为什么将欲望变成了一种折磨人的东西？存在对权力的欲望，对职位的欲望，对名声的欲望，性欲，有钱、有车的欲望，等等。你用“欲望”这个词指的是什么？它为什么是错误的？我们为什么说，我们应该压抑或升华欲望，对它采取行动呢？我们正在试图找到答案。你不要仅仅听我讲，而要与我一起去深入，然后亲自找到答案。

欲望有什么错误吗？你曾压抑它，不是吗？我们多数人因为各种各样的原因——因为它不方便、不令人满意，或者你认为它不道德，或者因为宗教典籍说“要获得救赎你必须没有欲望”，等等——压抑过欲望。传统说，你应该压抑、控制和支配欲望，所以你将时间和能量花费在用纪律约束自己上面。

那么，让我们首先看看，对一种总是控制自己、压抑或升华欲望的心智来说发生了什么。这样一种心智，被它自己所占据着，变得不敏感。尽管它可能谈论敏感和善——尽管它可能说，“我们应该亲如兄弟，我们应该造就一个非凡的世界”，以及诸如此类压抑欲望的人们说的话——这样一种心智是不敏感的，因为它不理解它所压抑的事物。无论你压抑还是屈服于欲望，在本质上都是一样的，因为欲望仍然在那儿。你可能压抑对女人、对轿车、对职位的欲望；但不拥有这些事物的迫切要求，使你压抑对它们的渴望，其本身恰恰是一种形式的欲望。所以，被束缚在欲望中，你必须理解它，而不是说它是对的或错的。

那么，什么是欲望呢？当我看到一棵树在风中摇摆，看起来非常可爱，这有什么错误呢？看一只飞翔鸟儿的优美动作有什么错误呢？看一辆精心制造、锃明瓦亮的新车有什么错误呢？并且看见一个长着一张匀称的脸，脸上显示出善良、智慧和品德的人，有什么错误呢？

但欲望并不止步于此。你的感知不仅是感知，随之出现感受。随着感受的出现，你想要去触摸、去接触，然后占有的迫切要求出现了。你说：“这很漂亮，我应该拥有它。”于是，欲望的骚动就开始了。

那么，看、观察和觉察到生活中美好和丑陋的事物而不说“我应该拥有”或“我不应该拥有”，是可能的吗？你曾经单纯观察过事物吗？你们理解吗，先生们？你曾观察过你的妻子、你的孩子、你的朋友，而仅仅是看着他们吗？你曾经看过一朵花而没有称它为玫瑰，没有想着将它别在你的扣眼中或带回家给某个人吗？如果你能够不带着所有属于心智的价值观念进行这样的观察，那么你会发现，欲望不是这样一种怪异的东西：你可以看一辆轿车，看到它的美，而不被束缚在欲望的混乱或矛盾中。但那需要一种观察的巨大热情，不是仅仅随便的一瞥；那不意味着你没有欲望，而仅仅是心智能够不带有描述地看。它能看月亮而不立即说“那就是月亮，它多么漂亮”，因此，中间没有心智的唠叨出现。如果你能够做到这一点，你会发现，在观察、感觉和真正慈悲的热情中，爱有其自身的行动，这种行动不是充满矛盾的欲望的行动。

试验一下这种情况你会看到，心智观察而不伴随着对它所观察之物的喋喋不休是多么困难。但是毫无疑问，爱也是那种性质，不是吗？如果你的心智从来没有寂静过，如果你总是在考虑你自己的话，你怎么能够爱呢？用你的整个存在——你的头脑、心灵和身体——爱一个人，需要巨大的热情；当爱非常强烈时，欲望立刻就消失了。但我们大多数人从来没有对任何事情——除了有关我们自身的利益，有意识的或无意识的——有过这种热情；我们从来没有感受任何事物而不从中寻求某种东西。但只有拥有这种强烈能量的心智，才能够密切注意真相的迅速运动。真相不是静止的，它比思想更迅速，因而心智不可能设想它。要理解真相，必须存在这种强烈的能量；这种能量不能够被保存或培养；这种能量不是通过自我否定、通过压抑而产生的，正好相反，它需要完全的舍弃。而如果你仅仅想要某种结果，那么你就无法舍弃你自己或者舍弃任何你拥有的东西。

不带着嫉妒生活在这个基于嫉妒、基于占有和追求权力、地位的世界上，是可能的；但那需要一种非凡的热情，一种思想和理解的清明。没有对你自己的理解你就不可能摆脱嫉妒，所以起点就在这里，不在其他某个地方。除非你从你自己开始，否则你永远不会发现悲伤的结束。心智的净化就是冥想。你必须理解你自己，并且你可以每天像玩耍一样去了解自己。一个以“理解自己”为乐的人，会远比向其他人说教的人觉察更多。

孟买，第二次公开演讲

1957 年 2 月 10 日

思想总是会考虑欲望——它从中获得快乐。

那么，一个人问：“思想不去触动欲望是可能的吗？”——这是你面临的难题。当你看到某个极其美丽的事物，充满着生命和美，你应该坚决不让思想进来，因为思想一触碰到它，思想就使其成为快乐，进而出现对快乐和越来越多的快乐的需求；而当这种需求未得到满足时，就存在冲突、存在恐惧。所以，不带着思想看某个事物，是可能的吗？要看，你必须是极其有活力的，不能是麻痹的。你无法跛腿来到现实面前；要看到现实，你必须拥有一种清晰的、未被滥用的、单纯的、不困惑的、未受折磨的、自由的心智；只有那时你才能看到现实。如果你看一棵树，你必须用明亮的眼睛，不带着意象去看。思想总是会考虑欲望——它从中获得快乐。存在思想制造的关于目标的意象，对那种意象——那种符号，那种图画的持续考虑——产生出快乐。你看到了一个人漂亮的头部，你看它；思想说，“这是一个漂亮的头部，它很优美，它有着漂亮的头发”。思想开始考虑它，并且乐在其中。

看某个事物而不带有思想，并不意味着你必须停止思考——那不是问题所在。但是当思想干预欲望时你必须是清醒的，知道欲望是感知、感受和接触；并且你必须认识到欲望的整个机制，以及思想何时突然降临其上；这不仅需要智慧，而且需要觉察，从而当你看到某个异常美丽或异常丑陋的事物时，你是知道的。那时，心智不是在比较：美不是丑，而丑不是美。

孟买，第四次公开演讲

1967 年 3 月 1 日

心智能够完全觉察到“它孤独、不足和空虚”这个事实吗?

提问者: 一个人如何才可能将自己从对他人的心理依赖中解放出来呢?

克里希那穆提: 我不知道我们是否意识到我们的确在心理上依靠他人。不是说，在心理上依靠他人是必要的、有道理的或错误的，而是说，我们意识到我们有所依赖吗？我们多数人在心理上有所依赖，不仅依赖人，而且依赖财产、信仰和教条。我们究竟是否意识到了这个事实呢？如果我们知道，为了我们心理上的幸福，为了我们内心的稳定和安全，我们确实依赖某种东西，那么我们就能够问我们自己为什么会这样。

我们为什么在心理上依靠某种东西呢？显然，因为在我们内心我们是不足的、贫乏的和空虚的；在我们内心我们是极其孤独的；并且正是这种孤独、这种空虚、这种内心极端的贫乏和自我封闭，使我们依靠某个人、依靠知识、依靠财产、依靠意见、依靠那么多看起来对我们是必要的东西。

那么，心智能够完全觉察到“它孤独、不足和空虚”这个事实吗？觉察和完全认识到这个事实，是非常困难的，因为我们一直在试图逃避它；并且通过听无线电广播和其他形式的娱乐，通过上教堂、举行仪式、获取知识，以及通过依靠其他人和观念，我们的确暂时地躲开了它。要了解你自身的空虚，你必须看到它，但如果你的心智总是在从“它空虚”这个事实寻找某种分散注意力的事情，你就无法看到它。那种分散注意力的事情采取了依附于某个人、依附于关于宗教的观念、依附于某种特别信条或信仰等等的形式。

因此，心智能否停止逃跑和逃避，而不只是问“如何停止逃避”呢？因为“探询心智要如何停止逃避”本身恰恰变成了另一种逃避。如果我知道某条道路不会引向任何地方，我就不走那条路；不存在“如何不走它”的问题。同样，如果我知道，逃避，即使再多的逃避，也绝不会解决这种孤独——这种内在的空虚，那么我就停止逃避，我就停止处于注意力分散的状态。那时，心智能够看“它是孤独的”这个事实，并且不存在恐惧；恰恰是在逃避“实际是什么”的过程中，恐惧才会出现。

所以，当心智了解了“试图通过依靠、通过知识、通过信仰填充它自身空虚”的徒劳和极其无用时，它能够看那种空虚而没有恐惧。接下来，心智能够继续看那种空虚而不带有任何评价吗？——我希望你理解这个问题。它可能听起来相当复杂，并且也许它确实复杂，但我们能够不非常深入地探究它吗？因为一种肤浅的回答是完全没有意义的。

当心智完全知道它逃避它自身，当它认识到逃避的徒劳，并且看到逃避的过程本身产生恐惧——当它认识到其中的真相时，它能够面对“实际是什么”。那么，当我们说我们在面对“实际是什么”时，这意味着什么？如果我们总是在赋予它某种价值、诠释它，如果我们有关于它的意见，我们是在面对它、看它吗？毫无疑问，意见、价值和诠释只会阻止心智看事实。如果你想要理解事实的话，拥有关于它的某种看法并没有什么益处。

那么，我们能否不带着任何评价去看“我们心理空虚和孤独”这个事实呢？我认为，困难在于我们没有能力不带着判断、不带着谴责、不带着比较看我们自己，因为我们都受过训练要去比较、判断、评价和给出某种意见。只有当心智看到那一切的徒劳和其中的荒谬时，它才能够真正看自己；那时，作为我们曾经恐惧的孤独和空虚，不再是空虚；那时不再存在对任何事物的心理依赖；那时爱不再是依附，而是某种完全不同的东西，并且关系也具有了完全不同的意义。

但是，要亲自找出那种答案而不仅仅在言语上重复别人说的，一个人必须理解逃避的过程。恰恰在对逃避的理解中，存在逃避的停止，从而心智能够真正看它自己；在看它自己当中，必须不存在评价和判断。那时，事实本身成为重要的，从而存在完全的注意，没有任何使注意力分散的欲望。所以，心智不再空虚。完全的注意就是善。

布鲁塞尔，第四次公开演讲

1956 年 6 月 23 日

当心智不再给它命名，不再谴责它、判断它时，不存在观察者，只存在一种我们称为空无的状态。

我认为，我们大多数人觉察到我们非常忙碌、活跃，但我认为我们有时觉察到——心智是空无的。而觉察到之后，我们害怕这种空无。我们从来没有探究这种空无的状态，我们从来没有从根本上深入探究它；我们害怕，所以我们就绕开它。我们曾给它命名，我们说，它是“空虚的”，它是“可怕的”，它是“痛苦的”；并且那种“给它命名”本身已经在心智中制造了一种反应——一种恐惧、一种回避或一种逃跑。

那么，心智能否停止逃跑，不给它命名，不赋予它某种词语——诸如“空虚的”，关于这种词语我们拥有快乐和痛苦的记忆之类意义吗？我们能否看它——心智能否觉察到这种空无——而不给它命名、不逃避它、不判断它，而只是与它共处呢？因为那时心智就是这种空无，那时不存在看它的观察者，不存在谴责它的审查者，而只存在那种我们其实都非常熟悉的，但我们都在避免，在试图用活动、崇拜、祈祷、知识和各种形式的幻觉和兴奋填补的空无状态。但是，当所有的兴奋、幻觉、恐惧和逃避都停止了，并且你不再给它命名进而谴责它时，观察者与被观察之物是不同的吗？无疑，通过给它命名，通过谴责它心智曾经在它之外制造出一种审查者、一种观察者。但是，当心智不再给它命名，不再谴责它、判断它时，不存在观察者，只存在一种我们称为空无的状态。

阿姆斯特丹，第四次公开讲话

1955 年 5 月 23 日

只要一个人在自我中寻求满足，就必定存在痛苦和冲突。

提问者：我已经尽了非常大的努力，但无法停止饮酒。我应该怎么办？

克里希那穆提：你知道，我们每个人都有各种各样的逃避——你喝酒，我追随某个大师；你沉溺于知识，我沉溺于娱乐。所有的逃避都是相似的，不是吗？无论一个人是选择饮酒、追随某个大师，还是沉溺于知识，它们当然都是一样的，因为意图和目的都是要逃避。也许饮酒会有某种社会性价值或可能更有害，但我完全确定，观念性的逃避更有害——它们更微妙、更隐蔽、更难以觉察到。一个沉溺于仪式、典礼的人，与沉溺于饮酒的人没有什么区别，因为两者都是试图通过刺激逃避。

而我认为，只有当你觉察到你在逃避，你在利用所有这种东西——饮酒、大师、仪式、知识、崇拜及任何你愿意的方式作为刺激和感官享受，从你自身逃避时，停止逃避才是可能的。归根结底，存在很多种停止饮酒的方式。但如果你只是停止饮酒，那么你会选择其他某种东西——你可能追随某个导师，或者变得在观念方面充满幻想。

当然，逃避的理由是各种各样的：在内在和外在方面，我们对我们自己、对我们的状态不满意，所以我们有很多种逃避。并且我们认为，当我们找到原因时，我们会理解、解决逃避和饮酒。当我们知道了逃避的原因时，我们停止逃避了吗？当我知道，我饮酒是因为我与我的妻子吵架，或者我有一个糟糕的工作——当我知道原因时，我停止饮酒了吗？当然没有。只有当我与我的妻子——或另外任何一个人——建立了正确的关系，从而消除了造成痛苦的冲突时，我才会停止饮酒。

换种表达方式，只要我是在寻求自我满足——其中存在挫败——就必定存在某种逃避。只要我受到挫败，我必定寻找某种逃避。当我想要成为什么——一个政治家、一个领导者、某个大师的学生或任何事物——只要我想要成为什么，我就是在邀请挫败；而因为遭受挫败是痛苦的，所以我寻求对它的某种逃避，无论是喝酒、大师、仪式，还是变成一个政治家——它是什么无关紧要，因为它们都是一样的。

那么接下来，问题出现了——存在自我满足吗？自我，“我”，能成为某种事物——变成某种事物吗？而想要变成某种事物的“我”是什么呢？“我”是一堆记忆——与现在进行反应的一连串的记忆——我是与现在相联系的过去的产物；而且那种“我”想要通过家族、通过某个名字、通过财产、通过观念使自己不朽。“我”只是一种观念——一种让人满足、提供享受的、心智所依附的观念，心智就是它所依附的那种观念。并且，只要心智在寻求满足，显然必定产生挫败；只要我认为我作为某种事物是重要的，就必定存在挫败；只要我是一切事物的中心、我的想法和我的反应的中心，只要我重视我自己，就必定存在挫败；进而必定存在痛苦，然后我们通过无数的途径试图逃避那种痛苦。逃避的手段是类似的。

所以，让我们不要再去纠结逃避的手段，以及是否你的手段比我的高级。重要的是认识到，只要一个人在自我中寻求满足，就必定存在痛苦和冲突；并且只要自我是重要的，“我”是重要的，这种痛苦就无法避免。

那么，你会说：“这一切与喝酒有什么关系呢？你还没有回答我的问题——怎样戒酒。”我认为，喝酒的问题像任何其他问题一样，只有当我理解了我自己运行的过程——当存在自我了解时——它才能够被理解和结束。而这种对自我的了解需要不断地警觉——不是某种结论，不是你能够抓住的某种事情，而是对思想和感受的每一种运动的不断的觉察。而如此觉察有点令人厌烦，所以我们说，“嗯，不值得那样去做”。我们撇开它，从而更加悲伤和痛苦。但是毫无疑问，只有在对一个人自身作为一种完整过程的理解中，我们才会解决我们面临的无数的问题。

伦敦，第二次公开演讲

1949 年 10 月 9 日

183

我们多数人不想变得强烈觉察，它太令人不安了。

提问者：当一个人忙于某种工作时，强烈地觉察如何成为可能呢？

克里希那穆提：我没有看到有什么困难。在做工作的同时，一个人为什么不能够强烈地觉察呢？无论是机械的还是科学的工作，你在做那种工作的同时处于强烈的觉察中，你不仅会把它做得更有效率，而且你会开始觉察到你为什么做它，在你工作背后的动机是什么；你会发现你是否害怕你的老板；你会观察你怎样与你的下属和你的那些上司讲话。在你与其他人的关系中强烈地觉察，你会知道你是否在制造敌意、嫉妒和恨；你会看到你自身在关系中所有的反应，无论你是在这里、在公交车上、在办公室里或者在工厂中。这一切都蕴含在强烈的觉察中。

并且，如果你强烈地觉察，你会放弃你的工作。所以，我们多数人不想变得强烈觉察，它太令人不安了；我们宁愿继续做我们正在做的事情，即使它非常令人厌烦。最多，我们放弃使我们厌烦的事情，找到一个稍微不太令人厌烦的工作，但这个工作很快就变成例行公事。

所以，我们被困于习惯中：每天早上到办公室上班的习惯，吸烟的习惯，性的习惯，想法和观念的习惯，等等。我们在习惯中运行。对习惯的强烈觉察有其自身的危险，而我们害怕危险。我们害怕不知道，害怕不确定。在不确定中存在巨大的美，存在巨大的活力。完全的不稳定，不是不明智，它不意味着一个人变得精神有问题；但我们没有人想要那样，我们宁愿打破一种习惯，然后形成一种更令人愉快的习惯。

伦敦，第七次公开演讲

1962 年 6 月 19 日

通过一种习惯去与另一种习惯搏斗是徒劳的。

提问者： 如果我理解正确的话，你说，觉察本身足以消除冲突及其根源。已经有很长一段时间，我完全觉察到我是“势利的”。是什么阻止我摆脱“势利”呢？

克里希那穆提： 提问者还没有理解我说的“觉察”的意思。如果你有某种习惯，比如势利的习惯，仅仅通过另一个习惯——它的对立面——来克服这个习惯是无益的。通过一种习惯去与另一种习惯搏斗是徒劳的。使心智摆脱习惯的是智慧。觉察是唤醒智慧的过程，不是形成新的习惯去与旧的习惯搏斗。所以，你必须意识到你的思维习惯，而不要发展相反的品质和习惯。如果你是完全觉察的，如果你处于那种无选择观察的状态，那么你会感知到形成某种习惯的整个过程和克服它的相反的过程。这种洞察唤醒智慧，智慧去掉思想的所有习惯。我们热心于通过形成其他的思想习惯和执着，摆脱那些使我们痛苦或我们发现没有价值的习惯；这种置换替代的过程是完全没有智慧的。如果你愿意观察的话，你会发现，心智仅仅是一堆思想和记忆的习惯。仅仅通过用其他习惯克服这些习惯，心智仍然处于牢狱之中，困惑而且痛苦。只有当我们深刻地理解自我的保护性反应——它们变成思想的习惯，局限所有的行动的过程时，才存在唤醒智慧的可能，智慧本身就能够解决对立面的冲突。

荷兰，欧门营地，第四次公开演讲
1936 年 7 月 29 日

理解一种习惯，就是打开通向理解整个习惯机制的大门。

我首先必须理解，在打破某种习惯的过程中抵制或努力的徒劳。如果这点是明确的，会发生什么呢？我觉察到习惯，完全觉察到它。如果我吸烟，我观察我自己做这件事情。我觉察到我将手伸进口袋，拿出香烟，从包装盒中抽出一支，在我的拇指指甲上或其他硬的表面上敲一敲，放到我的嘴里，点上它，熄灭火柴，然后吞云吐雾。我觉察到每一个运动、每一个手势，不带有对习惯的谴责或辩护，不说它是对的或错的，不想“多么可怕，我必须摆脱它”等等。当我抽烟时，我一步一步地、无选择地觉察。你下次可以试一试。就是说，如果你想要打破习惯的话，在理解和打破某一种习惯——无论它处于多么肤浅的过程中，你能够深入整个巨大的习惯问题：思想的习惯、感觉的习惯、模仿的习惯，以及如饥似渴地想要成为某种事物的习惯——因为这也是一种习惯。当你与某种习惯搏斗时，你给予了那种习惯生命，然后搏斗成了另一种习惯，我们多数人被困于其中。我们只知道抵制，抵制已经变成了一种习惯。我们所有的思维都是习惯性的，而理解一种习惯，就是打开通向理解整个习惯机制的大门。你发现，在什么场合习惯是必要的——如在演讲中——以及在什么场合习惯是完全腐败性的。

伦敦，第六次公开演讲

1962 年 6 月 17 日

伴随着美一起生活，或者伴随着某种丑陋的事物一起生活，而不变得习惯于它，需要巨大的能量和一种不让你的心智变得迟钝的觉察。

你知道，伴随着那些山峰的美一起生活而不变得习惯于它，是非常困难的。我们多数人在这儿已经几乎三周了。你们曾观察过那些山峰，听过溪流，看到过漫过山谷的阴影，日复一日。而你未曾注意到你多么容易习惯于那一切吗？你说，“是的，它非常漂亮”，然后就过去了。伴随着美一起生活，或者伴随着某种丑陋的事物一起生活，而不变得习惯于它，需要巨大的能量和一种不让你的心智变得迟钝的觉察。

萨能，第七次公开演讲

1962 年 8 月 5 日

自我了解是智慧的开始，也是悲伤的开始和结束。

一个寻求清明的困惑的心智只会使自己更加困惑，因为困惑的心智无法发现清明。它是困惑的，它能做什么呢？就它而言，任何寻找只会导向进一步的困惑。我认为，我们尚未认识到这点。当一个人困惑时，他必须停止——停止任何追求的活动。而停止本身恰恰是新事物的开始，是一种完全不同意义上的积极的行动。这一切意味着，必须存在最深刻的自我了解：了解一个人思想和感受——感情、动机、恐惧、焦虑、愧疚和绝望的整个结构。要了解心智的全部内容，一个人必须觉察——在不带有抵制、不带有谴责、不带有同意或不同意、不带有快乐或不快乐而仅仅观察的意义上的觉察。那种观察是对某种说“你必须如何，你必须不如何”的社会心理结构的否定。所以，自我了解是智慧的开始，也是悲伤的开始和结束。自我了解不会在某本书中，或者通过去找某个精神分析师，被他分析性地检查而得到。自我了解是实际地理解在一个人内心里的“实际是什么”：不带有任何扭曲地看到它们。从这种觉察中，产生了清明。

纽约，第三次公开演讲

1966 年 9 月 30 日

如果你无选择地、被动地觉察到你自己，那么困惑就会展开并淡化消失。

必要的是去看到，一个人是困惑的，起源于困惑的所有活动必定也是困惑的。那就像一个困惑的人寻求一个领袖——他的领袖也必定是困惑的。所以，必要的是，看到一个人是困惑的而不逃避它——不试图找到它的解释——处于被动地、无选择地觉察的状态。那时你会看到，从这种被动的觉察中，一种完全不同的行动产生了。因为如果你做出某种努力去厘清困惑的状态，你所产生的仍然会是困惑的；但是，如果你无选择地、被动地觉察到你自己，那么困惑就会展开并淡化消失。

如果你愿意试验这一点——它不会花费很长时间，因为时间根本不被牵涉其中——你会看到，清明出现了。但你必须给出你全部的注意、你全部的兴趣。而我不是完全确定，因为我们大多数人都不喜欢困惑，而在困惑的状态下你不需要行动。所以我们对困惑很满意，因为理解困惑，需要的是不追求某种理想或某种观念的行动。

伦敦，第四次公开演讲

1949 年 10 月 23 日

只是看而不带有思想……

我想知道你是否曾走过一条拥挤的街道或一条偏僻的小路，只是看各种事物而不带有思想？存在一种没有思想干涉的观察状态——尽管你觉察到你周围的一切，你认出人、山峦、树或迎面而来的汽车，然而心智不是在通常的思维模式中运行的。我不知道你是否曾偶然遇到过这种事情。当你在驾驶车辆或走路时请务必试一下。只是看而没有思想，观察而不带有产生思想的反应——尽管你认出颜色和形状，尽管你看到溪流、汽车、山羊、公共汽车，但不存在反应，而只存在单纯的观察——这种所谓观察的状态本身就是行动。这样一种心智，在完成它必须做的事情当中能够利用知识，但在“它不是依据反应运行”的意义上，它从思想中解放出来了。带着这样一种心智——注意而不进行反应的心智——你能够到办公室上班，以及做其他诸如此类的事情。

萨能，第七次公开演讲

1964 年 7 月 26 日

如果你不是自由的，你就无法探索。

愿意深入探究——我特意采用“探究”这个词——“什么是冥想”的心智，必须打下这样的基础：当存在自我了解时，这种基础就自然地、自发地带着一种毫不费力的轻松出现了。并且，重要的是，理解这种自我了解是什么——在没有任何选择的情况下觉察到根源在于一堆记忆的“我”。接下来我将深入探究我们说的“觉察”意味着什么：仅仅意识到它而不带有诠释，仅仅去观察心智的运动。但是，当你仅仅是在通过观察进行积累——要做什么、不要做什么、要达到什么、不要达到什么时，这种观察就被阻止了；如果你那样做，你就终止了心智作为“自我”运动的活生生的过程。换句话说，我必须观察并看到事实——真相，“实际是什么”。如果我带着某种诸如“我必须不如何”或“我必须如何”的想法或意见——那些都是记忆的反应——去处理它，那么“实际是什么”的运动就受到了阻碍，所以就不存在学习了解。

要观察树叶间微风的运动，你不能够对它做任何事情。它动起来要么激烈要么优美。你，观察者无法控制它；你无法塑造它；你无法说：“我愿意将它保持在我的心中。”它就在那里。你可能会记住它；但如果你记住它，并且在下次看它时回忆起那种树叶间的微风，那么你就不是在看树叶间微风的自然运动，而只是在回忆过去的运动，所以，你不是在学习，你只是在往你已经知道的东西上添加。因此，在一定的层面上，知识变成了通向更高层面的一种阻碍。

我希望这点得到非常明确的理解。因为我们马上要深入探究的事物，需要一种完全清晰的、能够看和听而不带有任何识别运动的心智。

所以，一个人首先必须非常清晰而不困惑。清明是必要的。我说的“清明”的意思是：如实地看到事物；不带有任何意见地看到“实际是什么”；看到你的心智的运动，非常仔细、精密、智慧地观察它，不带有任何目的，不带有任何指令。只是观察，需要惊人的清明；否则，你无法观察。如果你观察一只到处跑的蚂蚁，做着它所有的活动，如果你带着关于蚂蚁的各种生物学知识面对它，那种知识就会阻止你看。所以，你开始直接地看到，在什么地方知识是必要的，而在什么地方知识变成了一种障碍。因此，不存在困惑。

在心智清晰、准确，能够进行深刻、根本的推理的情况下，它处于一种否定的状态。我们多数人接受事情是如此容易，我们如此轻信，因为我们想要舒适，我们想要安全，我们想要一种有希望的感觉。我们易于接受，并且同样易于拒绝，这根据我们心智的“倾向”而有差异。

所以，“清明”的意思是，在一个人自己的内心里如实看到事物。因为一个人自身是世界的一部分；一个人自身是世界的运动；一个人自身是外在显现，外在显现就是内在的运动——它就像涨落的潮汐。仅仅关注或观察从世界中分离出来的你自己，导致你隔离，导致你各种各样的特质、神经症和孤立的恐惧等等。但如果你观察世界，随着世界一起运动，并且当那种运动进入内心时随之流动，那么在你和世界之间就不存在区分，那时你不是一个与群体相对立的个体。

必须存在这种意义的观察，它既是在探索，又是在观察——在听并且觉察。我是在这种意义上使用“观察”这个词的。观察的行动本身恰恰就是探索的行动。如果你不是自由的，你就无法探索。所以，要探索，要观察，必须存在清明；要深入地探索你自己的内心，你每次都必须重新面对它。换句话说，在这种探索中，你永远不会达到某种结果，你永远不会爬上某种梯子，并且你永远不说“现在我知道了”。不存在梯子。如果你确实爬上了梯子，你必须立即下来，以便你的心智极其敏感地去观察，去看和聆听。

马德拉斯，第六次公开演讲

1964 年 1 月 29 日

只有寂静的心智，而不是努力去看的心智，才会看到真相。

先生，如果你做出努力去听我在说什么，你会听到吗？只有当你是安静的，当你是真正安静的时候，你才会理解。如果你仔细地观察，安静地听，那么你会听见；但如果你紧张，努力要抓住我所讲的一切，那么你的能量会被浪费在紧张和努力中。因此，通过努力你不会发现真相——这是谁说的无关紧要，无论是古代的书籍还是现代的圣人——努力恰恰是对理解的拒绝，而只有安静的心智、简单的心智和静止的心智，才不会被它自身的努力搞得负担过重——只有这样一种心智才会理解，才会看到真相。真相不是在远处的某种东西，不存在到达它的途径——既不存在你的途径，也不存在我的途径；不存在献身的途径，不存在知识的途径或行动的途径，因为真相无路可达。你一拥有了某种通向真相的途径，你就将真相分开了，因为途径是排他性的；并且恰恰在一开始就具有排他性的事物，也将在排他性中结束。遵循某种途径的人永远不会了解真相，因为他生活在排他性中，他的手段是排他性的，而手段就是结果：手段和结果不是分开的；如果手段是排他性的，结果也是排他性的。

所以，不存在通向真相的途径，而且不存在两种真相。真相和过去或现在无关，它不受时间的影响。引用宗教所说的真相，或只是重复我说的话的人，不会发现真相，因为重复不是真相，重复是一种谎言。真相是一种当心智——心智寻求区分和排除，只能依据结果和成就思考——终止时出现的存在状态，只有那时才存在真相。为了达到某种目标，再怎么做出努力，用纪律约束自己的心智，都无法知道真相，因为目标就是它自身的投射，而对那种投射——无论多么高贵——的追求，是一种形式的自我崇拜。这样一种人是在崇拜他自己，所以他无法知道真相。只有当我们了解了心智的整个过程时，即当不存在冲突时，我们才能知道真相。真相是事实，而只有当被放在心智和事实之间的各种各样的事物被清除后，事实才能被了解。事实就是你与你的财产、与你的妻子、与人类、与自然、与观念的关系；并且，只要你不理解关系的事实，你的寻求就只是增加混乱；因为那种寻求是一种替代、一种逃避，所以它没有意义。

只要你支配你的妻子或者她支配你，只要你占有或被占有，你就无法知道爱；只要你在压抑、替代，只要你是野心勃勃的，你就无法知道真相。使心智平静的不是对野心的拒绝。美德不是对恶的拒绝。美德是一种自由的、有序的状态，恶无法给予这种状态，而对恶的理解就是美德的建立。用他通过剥削、通过欺骗、通过狡猾和不正当手段收集到的金钱，以神的名义建造教堂或庙宇的人，不会知道真相；他可能口气温婉，但他饱尝剥削和悲伤之苦。唯独不是在寻找、不是在斗争、不是在试图达到某种结果的人，才会知道真相。心智本身就是一种结果，而无论它制造什么都仍然是一种结果，但满足于“实际是什么”的人会知道真相。“满足”不意味着对现状满意，维持现状——那不是“满足”。在真正地看到事实而不受它任何约束的过程中才存在“满足”，“满足”就是美德。

真相不是连续的，它没有永久的居所，它只能被时时刻刻地看到。真相总是新的，所以不受时间的影响。昨天的真相不是今天的真相，今天的真相不是明天的真相：真相没有连续性。想让它称为真相的经验持续的是心智，而这样一种心智不会知道真相。真相总是新的。它是：看同一个微笑时重新看那个微笑，看同一个人时重新看那个人，重新看那棵在风中摇摆的棕榈树，重新面对生活。真相不会通过书籍、通过献身、通过自我牺牲而获得，但是，当心智自由、安静时，它就会被知道；并且，只有当其关系的事实得到理解时，心智的那种自由和那种安静才会出现；没有对其关系的理解，无论心智做什么都只会产生进一步的问题。但是，当心智从它所有的投射中解放出来时，存在一种在其中问题停止存在的安静的状态，并且只有那时，那超越时间的永恒之物才会出现。那时真相不是知识的问题，它不是一种要被记住的事情，它不是某种要被重复、印刷、传播的东西。真相就是本然，它是无名的，所以心智无法接近它。

孟买，第五次公开谈话

1950 年 3 月 12 日

如果我们探究安静，我们将会发明意象、符号和词汇，这些就会变成中心。

提问者：既然这种安静的状态好像是任何事情的前提，你能否依照“你用这个词指的不是什么”来描述一下它？你用“安静”这个词指的不是哪种行动呢？请以这种方式来说明它。

克里希那穆提：我想知道，是否我们无法以另外不同的方式处理这整个问题。我认为，我们大多数人已经认识到我们处于一种矛盾的状态。一个人不必深入那种矛盾的细节；因为那种矛盾导致痛苦和各种形式的破坏行为，一个人对自己说：“是否可能摆脱所有的矛盾——不仅是意识到的，而且包括没意识到的矛盾？”这是最重要的问题，我想要了解它。我不想让你告诉我安静是什么或它不是什么，而是我想理解，我想就在观察的过程中学习了解。我观察到我处于一种矛盾的状态；并且我知道得非常清楚，只要存在某个中心、某种方式或某种意象，无论它可能是什么，它总是会产生矛盾。那么接下来心智要做什么？它如何去了解矛盾，而不制造另外一个转而会成为更深层的矛盾？我看到，为了了解任何事情，我必须具有一种被动、平静和静止的觉察。这种被动的觉察不是一种我能够培养的事情。理解这种生活的洪流——我自己以及我的各种中心：事业、灵性和家庭——就是安静本身的行动。

这种安静是什么呢？通过听我讲话，你不会获得一种安静是什么或安静不是什么的模式，然后照着去做，从而捕获到安静或去培养它——显然，你永远无法那样做。这种安静是什么呢？它能被描述吗？如果它被描述了，无论从正面还是从反面描述，仍然存在一种观察者，仍然存在一种把它视为安静的中心；这种中心通过说“我要如何去培养那种安静”而制造矛盾。

首先，我们是否清楚明白，如果心智要聆听那条溪流，如果它要看一棵树，如果它要看另一个人的脸，那么它必须在某种程度上是安静的？要看、要听、要学习了解，必须存在一种平静，必须存在一种被动的注意——不是一种空白，不是一种有意识的平静，也不是一种培养出来的平静。如果我们探究那种安静是什么或那种平静是什么，我们将会发明意象、符号和词汇，这些意象、符号和词汇就会变成中心。

这种安静是什么——这种安静本身，而不是描述这种安静的词汇，其本质和结构是什么？——请注意，让我们再次明确，你不是在聆听我，不是在试图理解我——讲话者。讲话者根本不重要。重要的是，去理解那种安静心智的本质和结构，并且从那种安静出发去学习和行动——学习就是行动。

萨能，第二次公开对话

1965 年 8 月 5 日

爱会立即改变生活的一切行动，是会给心智带来一种完全突变的唯一催化剂。

一个在追求更多经验、更多兴奋、更多感受的心智——这样一种心智不是寂静的，因而，它只是在他自身制约的疆域内，在它自身知识的范围内经历……

寂静不仅和思想有关，而且和大脑有关——我不会完全深入这个问题；没有时间完全深入——大脑，即神经、大脑细胞及所有东西，是寂静的；但是，它是极其清醒和注意的，它必须这样；那时因为这种寂静，所以存在空间；而因为存在空间，就存在爱。你无法通过练习，通过说“我将首先尝试去觉察，接下来无选择地觉察，然后注意，然后寂静”而达到它。心智是多么琐碎！你想让它完全按照某种蓝图去运行，从而你所有必须做的只是去遵循。像那样做并不起作用。要么，你看到整个的事情——落日、树的整个的美，这种冥想的整个的美——完全并且立即看到，进而与它一起流动；要么你根本看不见。

那时你会看到，爱的确会立即改变生活的一切行动。这是会给心智带来一种完全突变的唯一的催化剂——唯一的事物，别无其他。并且我们需要这样一种突变，因为人类已经在痛苦中，伴随着生活的日常折磨，伴随着生活的不确定、困惑、冲突和无意义的设想，生存了这么长的时间。但是对生活来说，存在一种超凡的意义。生活——到办公室上班，对你的妻子讲话，做你所做的一切事情——拥有巨大的意义，如果你知道如何看它，如何面对它的话。只有当存在寂静，当存在空间和爱时，面对它、了解它和看到它的美，才能够发生。而这就是真相，并且这是生活中唯一重要的事情。

马德拉斯，第六次公开演讲

1965 年 1 月 3 日

如果心智在那种纯粹清明的品质中完全地觉察，那么从中就会产生出创造。

在冥想中，根本不存在对经验的搜寻。不仅完全不存在对经验的搜寻，而且完全不存在任何形式的寻找、请求和质疑。因为只有当不存在寻找和请求，当不存在指令性的制约，当头脑被磨砺达到其最高的敏感，当不存在任何的控制感而只存在完全的觉察感时，才能从中产生心智的静止——不是你正在寻找、你正在培养的静止。那种静止是死亡，那种静止是停滞。

从这种对迄今为止所说的那一切的觉察中——觉察到那些乌鸦，觉察到讲话者，觉察到你对讲话者和他所采用词语的反应，无选择地、否定式观察，如此完全地觉察——从这种觉察中产生出创造。如果你不是安静的，你就无法注意。你听那些乌鸦，实际地听，给出你的注意而不是抵触。听那些乌鸦，并且同时听讲话者，不是两种不同的事情。而要对乌鸦和讲话者付出全部的注意，并且观察你自己的心智，观察它在怎样工作，你需要那种从完全的寂静中产生出来的注意。否则，你只是在抵制乌鸦而努力听讲话者，从而存在一种区分、一种冲突，从而存在一种推开、一种排除——那是我们大多数人所做的事。

只有完全觉察的心智才是完全注意的。只有当存在完全的静止时，这种注意和这种觉察才能够来到。那种静止是绝对必要的。

也许你们中某些人确实与讲话者一起旅行到这么远；你确实地、实际地、一步一步地在这种旅程中走到现在。如果你做到了，那么你会看到，你的心智异常平静——请注意，我不是在催眠你。我们在实际地检查它，在实际地活出它来；不存在任何伪装，要么你达到了那种境界，要么你没达到；如果你没达到，你必须从头开始去检查它。

所以，不存在被某个其他人，被他的观念、他的话语或你自身要发现寂静的渴望催眠的感觉。当心智完全检查并理解了这一切时，那种静止必然会到来，就像太阳早上在东方升起一样。因为它是成熟的心智，是能够不自怜的，没有眼泪，没有期望，没有恐惧——看它自己的心智，没有任何牵挂，不仅在这个世界上，而且在肌肤之内的心理世界上能够完全独自站立，不寻求任何人、任何支持、任何方式的引导，不指望受到鼓励的心智。

如果你已经走得这么远，那么你会看到，心智是完全安静的；在这种安静中不存在映射。当你向一个注满水的平静的井内看时，你看到你自己的脸，在那种寂静中不存在映射，因为不存在思想者，不存在思想。它完全没有一点儿经验，但它充满巨大的活力；它是能量，而不是死亡，不是衰退。

那么，我们使用语言也只能到此为止了。要进一步深入这种超凡的寂静，你不仅必须以非言语的方式、非抽象的方式，而且要以实际的方式前行。除非你一步一步地达到了我们现在的境地，否则你无法实际地前行。也许你们中有些人已经经历过，因而你现在开始理解冥想的本质和意义，由此能够实际地处于这种无法想象的、不是引起的、不是预谋的寂静中——它就在那里。

在那种寂静中，不存在旁观者，不存在说“我安静”的实体；只存在安静，一种其中存在空无的广阔的空间；因为除非心智是空的，否则它不可能看见新的事物。当心智是空无的，当存在完全空无——不是引入的空无，这种空无是有活力的、振动的、强壮的、强有力的，不是休眠的，不是一种空白的状态的感觉时，你会看到，存在一种完全不同的创造运动。

你可能说："当你在谈论那种寂静时，你不是在观察那种寂静吗？"我们正在说的只是词句，而不是事物本身。"树"这个词不是树本身。讲话者只是在描述，词语和描述是不起作用的。所以，你可以忘记词语、忘记描述而实际地达到那种境地。

如果你达到了那种境地，如果心智以那种纯粹清明的品质完全地觉察，那么从中产生出创造——不是在这个词的世俗意义上的创造：画一幅画，写一首诗，生孩子——因为世界，即宇宙，处于创造的状态，它在爆发。而只有在那种没有边界、没有深度、没有高度、没有量度的非凡寂静中，从这种无边无际的寂静出发，一个人才会知道一切事物的初始和开端。

孟买，第六次公开演讲

1964 年 2 月 26 日

总　结

在最后的谈话或讨论中，我们曾考虑过自我了解的问题。因为如我们说过的，没有对一个人自身思想和感受过程的觉察，正确地行动或正确地思考显然是不可能的。所以，这些集会、讨论或会面的基本目的是，确实看到，一个人是否能够亲自、直接地经验一个人自身思考的过程并且完整地觉察到它。我们大多数人是在表面上——在心智的上层或表层上——而不是作为一个完整的过程觉察到它。提供自由、提供领悟、提供理解的，是这种完整的过程而不是部分的过程。我们中有些人可能部分地了解我们自己，至少我们认为我们知道自己一点儿；但这一点儿是不够的，因为如果一个人只稍微知道自己一点儿，它就只能起到阻碍而不是起到帮助的作用。而只有作为一个完整的过程——在生理上和在心理上，在隐藏的、无意识的深层次上和在表面层次上了解自己，只有当我们知道整个的过程时，我们才能够不是部分地而是作为一个整体处理不可避免出现的问题。

那么，这种处理整个过程的能力，以及它是否是一种特殊能力——那意味着某种专业化培养——的问题，是我今天晚上想要讨论的。领悟、幸福和某种超越单纯身体感受的事物的实现，是通过专业化产生出来的吗？因为能力意味着专业化。在一个日益专业化的世界中，我们依靠专家；如果汽车的任何地方出现问题，我们就去找技工；如果身体的任何地方出现问题，我们就去找医生；如果存在某种心理失调，我们就跑去找一个精神分析师或一个牧师；等等。也就是说，我们在失败和痛苦中指望专家的帮助。

那么，对我们自己的理解需要专业化吗？专家只知道他专业的各个层面。而对我们自己的了解需要专业化吗？正相反，我不这样认为。专业化意味着，将我们存在的整体缩小到某个特别的点，然后在那个点上专业化，不是吗？因为我们必须作为一个完整的过程理解我们自己，所以我们不能够专业化；专业化显然意味着排除，而了解我们自己不需要任何排除，正相反，它需要一种对我们自己作为完整过程的完全的觉察，为此，专业化是一种障碍。

归根结底，什么是我们必须去做的呢？毫无疑问，就是了解我们自己。了解我们自己，意味着了解我们与世界——不仅与观念和人的世界，而且与自然、与我们拥有的事物的关系。那就是我们的生活——生活是与整体的关系。而对那种关系的理解需要专业化吗？显然不需要。它需要的是直接面对生活整体的觉察。一个人如何去觉察呢？这就是我们面临的难题——如果我可以使用“如何”这个词而不使它意味着专业化的话——一个人如何能够面对生活的整体呢？——那不仅意味着与你的邻居的个人关系，而且意味着与自然，与你拥有的事物，与观念，与心智制造的幻觉、欲望等等的关系。一个人如何觉察到这整个关系的过程呢？毫无疑问，那就是我们的生活，不是吗？不存在没有关系的生活，并且理解这种关系，不意味着隔离——如我曾一直坚持和不断解释的——正相反，它需要一种对整个关系过程的完全感知或觉察。

那么，一个人如何觉察呢？我们如何觉察事物？你如何觉察到你与一个人的关系？你如何觉察到那些树、那头牛的呼唤？你如何觉察到当你读报纸时的反应？而且，你觉察到心智的表面反应，同样觉察到内心的反应了吗？我们如何觉察到事物呢？毫无疑问，首先我们觉察到对某种刺激的一种反应，不是吗？那是一种明显的事实：我看到树木，因而存在某种反应，然后感受、接触、认同和欲望。那是日常的过程，难道不是吗？我们在不研究任何书本的情况下也能够观察实际发生的事情。

所以，通过认同，你就有了快乐和痛苦。而我们的“能力”就是这种对追求快乐和避免痛苦的关心，不是吗？如果你对某种事物感兴趣，如果它给予你快乐，就立即存在能力，存在对那个事实的即时觉察；而如果它是令人痛苦的，你就发展出躲避它的能力。所以，只要我们在指望能力去理解我们自己，我认为我们就会失败；因为对我们自己的理解不依靠能力，它不是某种你发展培养出来的，并通过时间、通过持续磨砺而增长的技术。无疑，对一个人自身的这种觉察能够在关系的行动中得到检验，它能够在我们谈话的方式、我们行动的方式中得到检验。在集会结束后请观察你自己，在餐桌旁观察你自己——仅仅观察，而没有任何认同、没有任何比较、没有任何谴责——你会看到某种超凡的事情正在发生。你不仅终止了某种无意识的行动——因为我们多数的活动是无意识的——你不仅给那种行动带来结束，而且更进一步，你不通过调查、不通过深入挖掘就能觉察到那种行动的动机。

因此，当你觉察时，你看到你的思想和行动的整个过程；但只有当不存在谴责时，它才能够发生。就是说，当我谴责某个事物时，我不理解它，并且那样做是逃避理解的一种方式。我认为，我们多数人故意那样做；我们立即谴责，并且我们认为我们已经理解了。如果我们不谴责它，反而尊重它、觉察到它，那么，那种行动的内容和意义就会展开。请试验一下这种事情，你会亲自看到。仅仅觉察——不带有任何辩护的感觉——可能显得相当消极，但它不消极；正相反，它拥有被动即直接的行动的品质；如果你试验一下的话，你会发现这点。

归根结底，如果你想要理解某个事物，你必须处于某种被动的心境，不是吗？你无法一直考虑它、推测它或质疑它；你必须拥有足以接受它的内涵的敏感，就像是一个敏感的照相底板一样。如果我想要理解你，我必须被动地觉察，那时你开始告诉我你的全部故事。毫无疑问，这不是一种能力或专业化的问题。在这种过程中，我们开始理解我们自己，不仅是我们意识的表层，而且包括更深的层次——那更重要，因为我们所有的动机和意图，我们隐藏着的混乱的需求、焦虑、恐惧和欲望，都在那里；在外表上，我们可能将它们置于控制之下，但它们在我们内心沸腾。显然，在那些东西通过觉察得到理解以前，不可能存在自由，不可能存在幸福，不可能存在智慧。

那么，智慧——智慧是对我们生活过程的完全觉察——是一种专业化的问题吗？那种智慧需要通过任何形式的专业化去加以培养吗？因为事情正在以那样的方式发生，不是吗？你在听我讲，也许认为我是某种专家——我希望不是牧师、医生、工程师、实业家、商人和教授——我们拥有所有这些专业化的头脑。并且我们认为，要实现最高形式的智慧——真理。要实现那种东西，我们必须使我们自己成为专家。我们学习、我们摸索、我们发现，并且带着专家或指望专家的心态，我们研究我们自己，以发展某种会有助于解决我们的冲突和苦难的能力。

所以，我们的问题是：是否我们日常生存的冲突、苦难和悲伤能够由另一个人来解决，而如果他们不能够解决，我们如何才能解决它们呢？显然，理解某种问题需要一定的智慧，而那种智慧无法从专业化中得到或通过专业化培养出来；只有当我们被动地觉察到我们意识的整个过程，即觉察到我们自己而不带有选择，不选择什么是对的、什么是错的时，它才能够出现。因为当你在被动地觉察时，你会从这种被动——不是懒惰，不是睡觉，而是极其警觉地看到，问题拥有一种完全不同的意义；那意味着不再与问题认同，进而不存在判断，由此问题开始揭示它的内涵。如果你能够不断地、连续地这样做，那么每一个问题都能够在根本上而不是在表面上得到解决。而那就是困难所在，因为我们多数人不能够被动地觉察，在我们没有干预它的情况下让问题说出故事；我们不知道如何不动感情地——如果你喜欢用这个词的话——看一个问题。不幸的是，我们不能够那样做。因为从问题中，我们想要一种结果，我们想要一种答案，我们在指望某种结果；或者，我们试图按照我们的快乐或痛苦诠释问题；或者，我们已经有了某种关于怎样处理问题的答案。因此，我们处理一个问题而采用旧的模式。挑战总是新的，但我们的反应总是旧的，从而我们的困难是，不能够充分地，即圆满地迎接挑战。难题总是某种关系的问题，不存在其他的问题；而要迎接关系的问题及其不断变化的需求——正确地迎接它，充分地迎接它——一个人必须被动地觉察；并且这种被动不是一种决心、意志或纪律的问题。觉察到我们不是被动的，这是开始——无疑，觉察到我们想要某个特别问题的特别答案，是了解与问题相关的我们自己和我们怎样处理问题的开始。接下来，当我们开始了解与问题相关的我们自己——在面对那个问题的过程中，我们如何反应，我们各种各样的偏见、需要和追求时，这种觉察会揭示出我们自身的思维和我们内在品质的过程，并且在那种过程中会存在一种解放。

所以，生活是一种关系的问题，并且要理解那种关系——它不是静止的——必须存在一种柔韧的觉察——一种警觉性地被动而非侵略性地主动的觉察。并且，如我说过的，这种被动性的觉察不是通过任何形式的纪律、通过任何练习而产生的；它是时时刻刻仅仅觉察到我们的思想和感受，不仅是当我们清醒的时候，因为当我们更深入时我们会看到，我们开始做梦，我们开始抛出我们诠释为梦的各种符号。所以，我们打开了进入隐藏之处的大门，隐藏之处变成已知的。但是，要发现未知之物，我们必须进到门里。毫无疑问，那正是我们的困难所在。真实不是一种心智所能知道的东西，因为心智是已知和过去的产物。所以，心智必须理解它自己连同它的运行和真相，而只有那时，未知之物才可能存在。

欧亥，第五次公开演讲

1949 年 7 月 30 日

图书在版编目（CIP）数据

重塑心灵 / (印) 克里希那穆提著 ; 衣旭升译 . -- 北京 : 北京时代华文书局 , 2022.4

书名原文 : CHOICELESS AWARENESS

ISBN 978-7-5699-3774-9

Ⅰ . ①重… Ⅱ . ①克… ②衣… Ⅲ . ①人生哲学—通俗读物 Ⅳ . ① B821-49

中国版本图书馆 CIP 数据核字 (2020) 第 108898 号

北京市版权局著作权合同登记号　图字：01–2020–2843

Krishnamurti Foundation of America
P.O. Box 1560, Ojai, California 93024 USA
E-mail: kfa@kfa.org Website: www.kfa.org

重塑心灵

CHONGSU XINLING

著　　者 | [印] 克里希那穆提
译　　者 | 衣旭升

出 版 人 | 陈　涛
选题策划 | 刘昭远
责任编辑 | 周海燕
责任校对 | 陈冬梅
装帧设计 | 柒拾叁号
责任印制 | 訾　敬

出版发行 | 北京时代华文书局 http://www.bjsdsj.com.cn
北京市东城区安定门外大街 136 号皇城国际大厦 A 座 8 楼
邮编：100011　电话：010 - 83670692　64267677
印　　刷 | 北京盛通印刷股份有限公司　010 - 83670070
(如发现印装质量问题，请与印刷厂联系调换)
开　　本 | 787mm×1092mm　1/32　印　张 | 7　字　数 | 120 千字
版　　次 | 2022 年 4 月第 1 版　印　次 | 2022 年 4 月第 1 次印刷
书　　号 | ISBN 978-7-5699-3774-9

定　　价 | 49.80 元